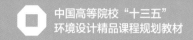

中国高等院校"十三五"
环境设计精品课程规划教材

任远　孟莎 / 主编　陈伟 / 编著

室内手绘效果图表现技法

Sketching Techniques for Interior Design

中国青年出版社

图书在版编目（CIP）数据

室内手绘效果图表现技法 / 任远，孟莎主编；陈伟编著. — 北京：中国青年出版社，2016.9（2023.1重印）
中国高等院校"十三五"环境设计精品课程规划教材
ISBN 978-7-5153-4501-7

I.①室… II.①任… ②孟… ③陈… III.①室内装饰设计—建筑构图—绘画技法—高等学校—教材 IV.①TU204

中国版本图书馆CIP数据核字（2016）第227259号

室内手绘效果图表现技法
中国高等院校"十三五"环境设计精品课程规划教材
主　编：　任远　孟莎
编　著：　陈伟
企　划：　北京中青雄狮数码传媒科技有限公司
责任编辑：张军
助理编辑：张君娜
书籍设计：吴艳蜂
出版发行：中国青年出版社
社　址：　北京市东城区东四十二条21号
网　址：　www.cyp.com.cn
电　话：　（010）59231565
传　真：　（010）59231381
印　刷：　天津融正印刷有限公司
规　格：　787×1092 1/16
印　张：　8.5
字　数：　172千字
版　次：　2021年6月北京第1版
印　次：　2023年1月第4次印刷
书　号：　978-7-5153-4501-7
定　价：　49.80元

如有印装质量问题，请与本社联系调换
电话：（010）59231565
读者来信：reader@cypmedia.com
投稿邮箱：author@cypmedia.com
如有其他问题请访问我们的网站：http://www.cypmedia.com

目录

室内手绘效果图概述

课题概述

室内手绘效果图能够直观、形象、快速地展现设计内容和室内空间，是设计师传达设计思想的重要手段。手绘效果图观赏性强，且具有很强的艺术感染力，在环境艺术设计领域发挥着重要的作用。

教学目标

通过本章的学习，了解室内手绘效果图的概念，理解手绘效果图在环境艺术专业领域里的重要意义，并能够了解其发展方向，为后面的学习打好基础。

章节重点

结合设计阶段来理解室内手绘效果图的作用，掌握室内手绘效果图的发展方向，了解手绘效果图的特点。

1.1 室内手绘效果图概念

手绘效果图是通过画面或图形来表现环境设计思想和设计概念的视觉传达技术。表现效果图的绘制技法对绘制内容的比例、尺度、体量关系、外形轮廓、虚实关系、空间构想、风格色彩、材料质感等方面都有严格要求，是科学与艺术性相结合的具体表现。随着时代的发展，手绘效果图在设计领域发挥着越来越重要的作用。

1.1.1 什么是室内手绘效果图

设计的形象思维是一种极其复杂的思维，尽管设计提供给了我们许多思维的参数（数据），但不同的人对其（数据）的感受与理解以及对于其最终结果的认识判断却是不一样的，而效果图就是一种能够使我们准确地了解设计方案，并对设计方案进行判别的依据。

效果图是对空间环境设计的综合表达，是客观现实中还不存在的预想图。它是建筑设计、环境艺术设计与广告展示设计中必不可少的表达形式。设计师可以通过多种手段表达自己的设计思想，比如手绘效果图（如图1）、电脑效果图（如图2）、设计模型（如图3）等。

手绘效果图就是一种描绘近似真实空间的绘画，是一种可以通过图像（图形）的方法来表现室内外空间环境设计思想和设计概念的视觉传达技术。因此，此类表现图，就是室内外空间环境设计效果图。

手绘效果图是在设计方案完成之后对设计中诸多因素所组成的形象的一种表达形式，是设计方案表达的必要组成部分。它由准确的透视图和高度概括的绘图技巧组合而成，其特点是将作者设计构思的思维空间形体（三度空间＋时间＝四度空间）转换成二度空间的画面。

随着表现技法专业性的不断发展和加强，手绘效果图已成为一个全新的独立领域，很多设计师或美术专业的毕业生专门从事手绘效果图的绘制工作，并且取得了可喜成果。

1.1.2 室内手绘效果图的作用

理解室内设计效果图的作用要从两方面考虑。首先，从设计师的角度来理解，利用效果图可以把设计师的设计内容及交代的空间功能真实地表现出来，并在绘图的过程中反复推敲自己的设计，完善设计方案。第二，从方案实施的角度来理解，绘制效果图能够形象地传达设计师的设计意图，便于设计师与施工单位或雇主进行沟通。

另外，在众多的表现技法形式中，手绘效果图具有绘制灵活、绘图时间短、运用绘画手段多样等特点，这就大大地提高了手绘效果图在设计各阶段的应用。

（1）在草图方案设计阶段。手绘效果图是推敲设计方案的好方法，绘制草图可以激发设计灵感，促进思维的展开，特别是在将设计意图表达给内部人员进行判断、交流、研讨的过程中起着不可替代的作用。（如图4至图6）

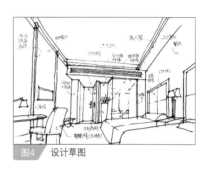
图4 设计草图

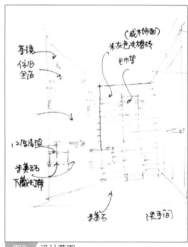
图5 设计草图

图2 电脑效果图

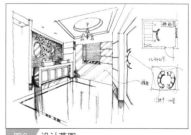
图6 设计草图

图1 手绘效果图

图3 设计模型

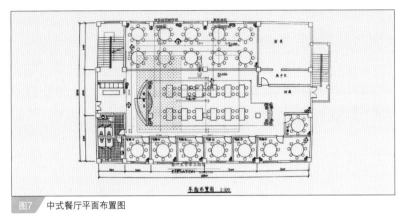

图7　中式餐厅平面布置图

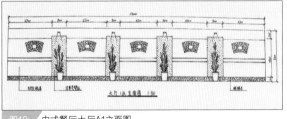

图8　中式餐厅天花布置图

（2）在论证方案阶段。由于手绘效果图具有快速、灵活的特点，在方案论证过程中可以及时地进行构思记录，及时地修正方案。特别是在论证现场可以即刻把设计论证的内容表达于纸上，这是设计师应对设计现场必须具备的技能之一。

（3）在确定方案的决策阶段。特别是在投标过程中，效果图往往起着决定工程设计成败的决定性作用。通过效果图的绘制内容、形式等诸多因素展现设计思想、设计理念等，为甲方做出判断提供依据。

（4）工程图阶段。手绘效果图是设计工程图的重要依据，可充分发挥其直观的特点，为工程技术人员提供绘制工程施工图的重要依据。

（5）在工程验收阶段，手绘效果图为工程验收提供参考。设计时的效果与竣工后的室内外状态自然会存在着差异，工程变更在所难免。然而，设计师所完成的效果图应该与竣工后形成的效果图一致，这是由效果图的科学性与客观性等因素决定的。通过效果图来判断最终的结果，这也是人们把效果图称为预想图的原因。将竣工后的工程状态与效果图进行比较，也是对设计师的最好检验（如图7至图13）。

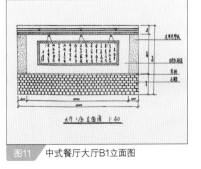

图9　中式餐厅地面布置图

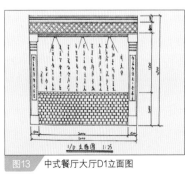

图10　中式餐厅大厅A1立面图

图11　中式餐厅大厅B1立面图

图12　中式餐厅大厅C1立面图

图13　中式餐厅大厅D1立面图

1.2 室内手绘效果图的重要意义及发展方向

手绘效果图由于其灵活、快速及较高的艺术性等特点，得到越来越多的业内人士的重视。同时，各高等院校也将手绘效果图课程列为环境艺术专业的重要课程之一。随着社会的发展，手绘效果图将被越来越多的设计师和艺术院校重视，在环境艺术设计领域取得不可替代的地位。

▷ 1.2.1 手绘效果图在环境艺术设计中的地位

环境艺术设计是一个综合、具体、系统而复杂的专业，它涉及的学科很多，既包括必备的专业知识，如美学、艺术、技术、人体工学、材料、市场学，也包括对时尚、民俗等专业的了解和研究。要完成一项好的设计，要求设计者必须融合理论知识、能力、实践经验于一身，同时具备丰富的综合知识、创新的能力、分析判断的能力、敏锐清晰的思维及高层次的艺术鉴赏力。(如图14至图22)

环境艺术设计主要是指对空间环境的规划和艺术构想方面的综合内容，其中主要包括环境与设施、空间与装饰、造型与构造、色彩与材质、环保与可持续发展等各方面的计划与实施方案的设想。

环境艺术设计各方面的设计与实施方案的设想都需要通过效果图这一媒介传达出来，效果图的表现形式无外乎电脑表现和手绘表现，电脑表现由于其真实的表现效果已经完全被社会所认可，成为现代社会设计师的基本技能。而手绘效果图由于其需要美术功底和艺术欣赏性则作为现代优秀设计师的必杀技，掌握了手绘效果图的绘制就能够从众多的设计师中脱颖而出。因此，手绘效果图作为各种效果图中的一种，以其灵活、快速及较高的艺术性在所有传播媒介中担当着重要的角色。

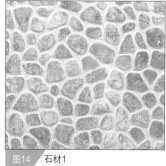

图14 石材1

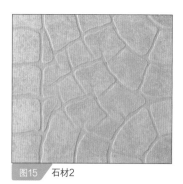
图15 石材2

图16 通体砖

图17 木材

图18 时尚家具1

图19 时尚家具2

图20 木龙骨1

图21 木龙骨2

图22 木地板

图23　水彩喷笔

图24　水彩技法

图26　水粉表现

图25　水粉技法

图27　水彩快速表现1

图28　水彩快速表现2

图29　马克笔表现

▶ 1.2.2 手绘效果图的发展方向

在我国，设计表现技法伴随着建筑设计、工业设计、工艺美术等走过了由20世纪50年代到60年代的一个发展阶段。

20世纪70年代末至90年代，由于国家建设与发展步伐的加快，设计表现技法从而得到进一步发展与提高。特别是80年代，一大批从事室内设计的设计师活跃在室内外环境空间设计的舞台上，创作了大量优秀的作品。

在21世纪的今天，手绘表现技法依然以它独有的生命力受到业内人士的重视。虽然计算机辅助设计效果图已经极为普及，但手绘技法是设计师独有的设计表现工具，具有无法替代的作用。它伴随着时代的脚步也在发展与进步，总体看来包括以下两方面。

一方面，画面上经历了从"厚"到"薄"的变化。主流的绘画工具经历了由水彩、水粉到透明水色、喷笔、马克笔等变化的过程。由于绘画材料上的变化，决定了画面从"厚"到"薄"的变化过程。另一方面，绘画速度上经历了从"慢"到"快"的过程。虽然这样长时期作业能够深入设计、丰富绘画的表现力，但是艺术设计不同于美术创作，它往往带有时限性，一个工程、一项设计经常需要在很短的时间里产生高质量、多数量、多方案的效果图。为适应对绘画速度要求快，对数量要求多的发展要求，马克笔的出现为设计表现提供了更多可能。（如图23至图28）

以手绘效果图的特点及要求为出发点。在今天，已经出现了以马克笔绘图为主，彩铅、水粉、水彩为辅的现状。而且在今后，像马克笔这样的快速作图工具将成为手绘表现领域的主力军。（如图29）

1.3 手绘表现技法的特点

手绘表现技法的特点是由环境艺术设计的特点决定的。环境艺术设计本身就是理性与感性的结合，要求在科学设计的基础上体现完美性。所以手绘表现技法同时具备了科学理性和艺术感性的特点。（如图30）

1.3.1 客观性与真实性

手绘效果图的客观性与真实性是指造型表现要素符合自然规律、空间气氛营造、形体光影处理及透视学和色彩学的规律与要求。客观性与真实性是效果图存在的关键，也是效果图的生命力所在，离开客观现实，脱离设计表现的场景范围，所画的效果图就没有意义可言。同时，客观性还包括所描绘场所的客观性。不论是室内、室外，都有其特定的场景特点，不能随意进行更改变换，要尊重客观存在。真实性还要求绘制效果图时应遵循环境空间的尺度、比例关系进行透视图绘制，进行光线与色彩的绘制，进行人物、绿化等诸多内容的空间组合，使效果图真正反映出完工后的真实效果。

1.3.2 科学性与艺术性

单一地强调科学性而忽视艺术性，或只强调艺术性而忽视科学性，都是不可取的做法。一张完美的效果图应该是建立在科学基础上同时注重艺术性的效果图，它的科学性从表面上看应该体现在对所表现的环境空间的准确再现，通过透视色彩、工艺等一系列施工环节基础所创造出的环境艺术设计效果图。同时，艺术性是建立在尊重客观现实与遵循规律的前提下的美的创造，在营造环境艺术空间时，要追寻美的感受，依循视觉发展的规律，运用美学原理、艺术表现规律来指导设计。进行空间的设计是要经过长期训练与不断探索的，而这种美的寻求是通过设计表现技法展现出

来的。对艺术性的把握直接关系到效果图的成败，而这又取决于设计者的艺术素养，取决于设计者的积累和对设计表现技法的掌握。只有将科学与艺术完美地结合，才能绘制出优秀的效果图。

1.3.3 多样性与多变性

设计表现图以表现设计预想效果为目标，往往是将多种技法综合在一起。比如马克笔在设计表现中已不是单一的马克笔画形式，而是综合了水彩、彩铅等多种表现技法，这种多样化设计表现特点是设计表现需要所决定的。技法的多样性与综合性是设计表现技法区别于绘画的又一特点，也是在设计实践中总结出来的为表达设计服务的理想绘画形式。

手绘效果图的绘制通常采用多种表现工具和多种表现手法来传达设计内容，而绘制的过程又是灵活多变的，所以学习手绘效果图不能只掌握一种工具或一种表现技法，应该灵活运用多种工具和技法来展示，表现自己的设计理念与直观效果。

图30 马克笔表现（尚彩云 画）

室内手绘效果图的学习技巧

第 **2** 章

2.1 学习技法的重要性
2.2 学习步骤
2.3 学习方法

课题概述

科学有效的学习方法能够帮学生快速掌握手绘效果图技法。任何技能的学习与掌握都有一个过程，也都有一定的规律可循，快速手绘效果图技法的学习同样如此，本章将介绍有关学习技法和学习方法的内容。

教学目标

通过本章的学习可以使学生深刻认识到技法学习的重要性，了解学习手绘效果图的基本步骤，并能够初步掌握几种实用的学习方法，为进一步深入练习打好坚实的基础。

章节重点

了解学习步骤，掌握学习方法。

2.1 学习技法的重要性

掌握科学有效的学习方法是手绘效果图技能的最佳途径。任何技能的学习都有一个过程，也都有一定的规律，手绘效果图技法的学习同样如此，也有一个循序渐进的过程。在这个过程中，绘画者先要明确目标、明确各种具体的要求，同时在理论上知晓画面各种关系的处理要求。在实践方面，还要根据以往的经验按一定的规律有步骤地操作，养成速写的习惯并反复训练，来逐步提高快速手绘效果图的技能。只有掌握了正确的学习技法，才能达到事半功倍的效果。

2.2 学习步骤

手绘效果图同其他造型艺术一样需要有专业的技巧作为支撑，需要在正确的学习步骤指导下进行系统的学习。实践中需要将线条、色彩的训练方法和点、线、面构架空间的造型方法作为基础，培养对空间的观察、分析、造型和表现的能力。只有这样，才能具备扎实的美术功底和熟练的应用技巧。下面将针对每个学习步骤进行具体分析。

▶ 2.2.1 速写

速写和手绘效果图有着密切的关系，首先速写可以随时记录设计素材及设计灵感，为设计创作做准备。另一方面，速写是训练手绘线条最有效的方式。快速手绘效果图的一个重要特点就是在塑造空间物体对象时是非常直接而果断的，它不需要任何繁琐的程序，也不需要任何辅助的工具，画家凭借着准确的判断与熟练的绘画技能一蹴而就，而这种能力的基础就是速写绘画表现能力。因此，熟练地掌握速写是画好快速手绘效果图的关键。(如图 1 至图 3)

图1　速写 (孟莎 画)

图2　速写 (孟莎 画)

▶ 2.2.2 透视

环境艺术设计是科学理性的，设计内容需要通过画面艺术形象表现出来，而形象在画面上的位置、大小、比例、方向的表现是依据科学的透视规律而定的。画面失真、缺乏美感是因为违背透视规律的形体与人的视觉平衡格格不入。因此，我们必须掌握透视规律，并应用透视规律法则处理好各种形象，努力使画面形体结构准确、真实、严谨、稳定。

图3　速写 (任远 画)

图4　线稿 (刘芳芳 画)

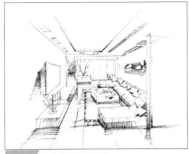

图5 线稿（罗新科 画）

图6 线稿（罗新科 画）

图7 线稿（裴艺翔 画）

图8 上色（李星 画）

图9 整体画面关系处理（李星 画）

对于快速手绘效果图的学习与掌握而言，透视与物体空间关系的把握是根本。在学习的过程中，如何从尺规作图转化为徒手画出准确的透视关系，从某种意义上讲，这是快速手绘效果图学习中的一个难点。在快速手绘效果图的绘画过程中，这是许多学生最容易出的问题，也是最难解决的问题。所以，准确而熟练地把握好这些关系，是掌握好快速手绘效果图技能的根本，这需要一个学习与练习的过程。对于如何解决好透视问题，本书第3章有详细的讲解。

2.2.3 线条

有的同学可能认为线描表现技法和速写很相似，尤其是徒手表现，其实是有区别的。速写更侧重于绘画及艺术，是比较感性地去表现所见所感，是非常生动的形象表现。在表现的过程中，还可能加上夸张、变形、整合，会在其中投入很多情感，有很浓的艺术表现意味。而线描则较理性，注重关系准确地交代空间中每个物体的形状和透视。当然，一张优秀的线描表现图也是有很高的艺术表现价值的，就是理性和感性的结合，也是科学与艺术的结合。（如图4至图7）

所以在手绘效果图的训练中，线条应当是在客观真实、透视准确的基础上被加以艺术处理，达到既形体准确又具有很强艺术感的效果。对于如

何进行具体的线条练习，本书第4章第2节有详细的讲解。

2.2.4 上色

室内设计师要完整地体现一个具有美感的空间形体，就要在透视关系准确的基础上赋予其恰当的明暗与色彩。（如图8）有关生命的美和形的存在，是我们从这些外表画面的光色中感受到的。

室内设计师必须在色与光的处理上运用相应的技能和手段，以极大的热情去塑造理想中的形态。加强训练的同时，我们要注重对色彩构成基础知识的学习和掌握；注重色彩感觉与心理感受之间的关系；注重各种上色技巧以及绘图材料、工具和笔法的运用。对于具体的上色方法，本书第4章第3节将有详细的讲解。

2.2.5 整体画面效果处理

在速写、透视到线条、上色的一系列表现中，一张手绘效果图就基本完成了，下面就要进行最后一个绘制步骤了，这就是整体画面效果的处理。和绘画一样，效果图的绘制也要经历"整体—局部—整体"的绘图过程。

基本完成画面后，要从透视、构图、色彩等多方面进行推敲，综合修改后达到满意的效果。（如图9至图10）

图10 整体画面关系处理（李星 画）

2.3 学习方法

科学的学习方法可以达到事半功倍的效果，手绘效果图的学习也一样，在正确的学习方法的指导下，学生通过过短时间的训练达到理想的效果。下面把通过教学总结的几种学习方法进行详细介绍，方便大家学习。

▷ 2.3.1 实景写生

和绘画训练一样，手绘效果图的训练也要从写生开始，这是锻炼眼力、手力的第一步，也是很重要的一步。写生过程中对空间结构进行分析，描绘、组合建筑环境的配景，以速写的方式，快速记录现实中的景象，培养脑、眼、手相互协调的表现能力，是掌握手绘效果图技法的有效方法。（如图11至图13）

▷ 2.3.2 临摹

临摹是初学者学习表现图技法必须经历的阶段。在学习初期，临摹成功的作品，向别人学习，体会手绘表现技法的绘制过程，领悟设计理念所表现的内涵。

临摹阶段要由浅入深，从简单到复杂，从感性到理性有序地进行。应该正确认识临摹，不能只是简单地把临摹当作是一个量的积累过程和单纯的仿效行为，要在临摹的过程中学习工具的使用、线条的处理、气氛的渲染等多方面的技法。

大胆尝试各种风格、各种技法的临摹训练是必要的和有效的，不同风格的训练不仅仅是为了寻找更适合自己的画风，更重要的是可以更全面地了解、更深刻地认识各种技法。通过对设计意图在不同表现风格下运用的感知，逐渐加强对表现效果图的认识和综合技法的掌握。当已经熟练掌握临摹的步骤并掌握了一定的技法之后，应该对临摹作品的风格进行选择，培养一定的发展方向，找到适合自己的表现效果图技法。（如图14至图18）

图11 实景

图12 实景写生（任远 画）

图13　实景写生（任远 画）

图14　优秀作品（陈红卫 画）

图15　临摹作品（裴艺翔 画）

图16　优秀作品（陈红卫 画）

图17　临摹作品（罗新科 画）

图18　优秀作品（陈红卫 画）

01 临摹线稿，从远景开始着色。

02 从远景逐渐向中景着色，注意色彩关系要统一。

03 通过大的色块确定画面整体色调。

04 深入刻画材质。

05 充分绘制画面，运用彩铅表现墙面层次并刻画细节。

06 从整体的角度调整画面的明暗关系。

07 最终效果图。

▶ 2.3.3 默写训练

经过一段时间、一定数量的临摹练习，学生对表现效果图及技法的掌握已经有了一定的基础，然后就要有针对性地去解决问题，进行一定数量的专项训练。

一方面可以对临摹作品进行默写训练，另一方面还可以对一些程式化的表现方法加大训练力度。比如玻璃、石材、木材、镜面、不锈钢、植物等的表现进行强化式的技法训练，以加强对质感表达和笔法的熟练程度，争取以最简单快捷的方式方法进行全面准确的表达。（如图19至图23）

图19　默写（郭瑞毅 画）

图20　默写（王沨媛 画）

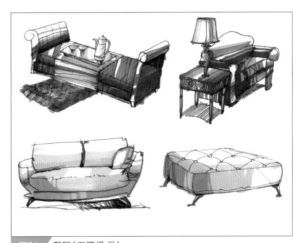

图21　默写（王沨媛 画）

图22　默写（李静茹 画）

图23　默写（李静茹 画）

2.3.4 照片写生

　　照片写生其实就是对着实景照片进行绘制，这也是一种方便而有效的学习方法。图片可以使你得到大量需要的内容，给你提供更多的素材，尤其是对于一些建筑与室内资料的绘制来说，由于有些地方是你根本无法到实景中去写生的，这时照片写生就可以弥补这样的不足。（如图24 至图 27）

　　进行照片写生时要选择适合画面表现的照片角度，或者根据照片内容自行进行调整，后者对绘图者的专业素质包括构图能力要求较高。照片写生主要从以下三方面对初学者进行手绘的训练：第一，训练线条表达能力；第二，训练色彩归纳与上色能力；第三，训练处理整体画面效果的能力。

图24　实景照片

图25　照片写生（任远 画）

图26　实景照片

图27　照片写生（王静 画）

▶ 2.3.5 创作训练

创作是检验绘图能力和设计能力最有效的方法。在创作训练的过程中，要注意空间的整体布局以及形态结构的合理性与美感，也要关注笔触组织、色彩变化、质感表现等绘画技法的体现。在创作训练中要注意画面整体气氛的营造，以局部服从整体的原则为依据，注意局部刻画与整体的关系，要注意色彩面积之间的搭配关系，同时把握好画面的韵律节奏，最终使画面可以生动、形象、准确地表达创作意图。（如图28至图31）

图28　创作（张智飞 画）

图29　创作（张智飞 画）

图30　创作（李静茹 画）

图31　创作（张萌 画）

教学
实例

临摹与创作练习是教学中的重点，也是难点。学生先从临摹入手，选择优秀作品进行学习，主要学习其构图、用线、配色、马克笔笔触的处理及整体关系的把握。经过一段时间的练习，可以开始尝试创作训练，进行创作训练时要把临摹学到的知识灵活运用到自己的画面中，在创作的过程中不断提高手绘效果图的水平。

教学内容

效果图的临摹与创作练习。（如图32至图35）

教学目标

1. 锻炼学生欣赏优秀作品、学习优秀作品的能力。
2. 使学生将知识综合、灵活地运用到手绘效果图画面中。
3. 锻炼学生深入刻画画面的能力。
4. 锻炼学生通过手绘将设计内容完整而富有艺术性地表现出来的能力。

图32 临摹练习（郭瑞毅 画）

图33 临摹练习

图34 创作练习（李静茹 画）

图35 创作练习（朱慧琳 画）

16

在临摹这张作品时要注意以下几点（如图36）：

1. 杨健绘制的这张效果图构图灵活、线条生动，色彩处理非常到位，是值得学生临摹学习的作品，视平线要定得低一点，构图要灵活。

2. 绘制线条时要注意起笔和落笔的处理，同时要注意线条疏密关系的处理。

3. 在上色时，要将主要精力放在视觉中心，前景和配景则要有所取舍。

图36　优秀作品（杨健 画）

① 临摹线稿，从主体物开始着色。

② 深入刻画主体物，着重表现材质。通过主体物大的色块确定画面整体色调。

(03) 运用彩铅补充细节,增加画面层次。

(04) 由主体物的刻画向外延伸绘制,包括影子、反光和周围配景。

(05) 绘制天棚和地面,注意手法要和主体物的绘制手法一致。

(06) 进行细节补充及整体画面调整,上色不要太满,要符合快速表现特点。

在创作这张作品时要注意以下几点（如图 37）：

1. 创作练习的第一步是设计，在具有合理内容的前提下才有可能谈到创作练习。
2. 在进行手绘效果图的创作时，首先是画面线稿的组织。这里包括构图透视、造型的塑造、线条的表达、线条的组织等多方面的练习。
3. 最后是上色。上色不仅是排笔触，更重要的是色彩的搭配，难点在于如何和线条结合起来表现材质质感和空间氛围。

图37　创作练习作品（任远 画）

01　绘制线稿，注意线条的组织，利用物体阴影增加线的密度要配合线条的疏密关系。

02　从主体物桌椅开始上色，注意马克笔的笔触要明显，尽量避免平涂。

19

（03）为配景上色,先用几笔概括的笔触确定出画面整体的色调。

（04）在不破坏画面整体色调的前提下进行色彩的补充,丰富色彩关系。

（05）细节的绘制,包括配景、天棚、地面等。

（06）运用彩铅进行细节补充和整体画面调整,丰富画面层次,增强画面效果。

设计点评

在印象派时期就已经进行了一系列对于色彩的分解与组合的尝试，打破了传统的绘画形式，同时也打破了传统的思维方式与观察形式。在下列例图中色彩的表现既表达了场景的空间感，也表现了不同时间段的室内效果。

图38　阳台一角（张萌 画）

图39　阳台效果图（郭瑞毅 画）

上图是一张阳台的设计效果图，不论是设计思路，还是手绘表现方面，都可以说是一幅优秀的作品。每个物体单独来看，表现也都非常到位，笔触熟练、流畅。

唯一不足的是对于前景的花坛和装饰鹿的处理。这两个物体应处理得概括一些，可以只有墨线而不上色，或者简单地上几笔颜色，起到点缀画面的作用，不能过于抢眼。应注意画面的虚实对比，不需要每部分都处理得非常充分。（如图38）

上图是一张阳台效果图的临摹练习稿，空间布局合理、明暗关系明确、色彩明亮，画面层次丰富，临摹得比较到位。

不足之处有两方面：一是线条较软、没有力度，流畅度也不够，应加强练习；另一方面是马克笔的笔触不够讲究，也略显生涩，笔触不肯定。（如图39）

图40　卧室效果图（李静茹 画）

右图是一张卧室设计效果图，整体色调清新淡雅，非常统一，画面感很强，是一幅不错的作品。该作品中材质的表现非常到位，背景墙、地毯、窗帘等材质的处理方法非常值得学习。

不足之处在于地板的绘制层次单一，笔触生涩，还应多加练习。（如图40）

内容

优秀作品临摹（图 41 至图 42）

要求

1. 选择优秀的手绘作品进行临摹，要求对于透视、线条、色彩等多方面都表现到位。
2. 学习优秀作品的线条处理技法、上色技法及配色技法等。
3. 在临摹的基础上，体会个人风格的表现，尝试建立自己的风格。

工具：钢笔、马克笔、彩铅

纸张：A4 马克笔纸

图41　优秀手绘作品（杨健 画）

图42　临摹练习稿（张萌 画）

第 **3** 章

室内设计的透视原理

课题概述

透视图是一种将三度空间的形体转化成具有立体感的二度空间画面的绘图，它能比较真实地再现设计师预想的设计方案。在环境艺术设计专业里，透视图作为手绘效果图的基础，有着非常重要的地位和作用。

教学目标

通过本章的学习，熟练掌握一点透视、两点透视、一点透视校正法和轴测图的绘制，能够绘制出透视准确的透视图，为进一步学习手绘效果图打下坚实的基础。

章节重点

理解透视现象，熟练掌握每种透视方法的作图步骤，并能够根据空间特征和画面效果的需要灵活地选择透视方法来绘制效果图。

3.1 透视现象

透视是绘画与艺术设计活动中观察和研究画面空间的一种重要手段。运用物体形状的近大远小、明暗对比的近强远弱，以及物体色彩的近纯远灰等规律，可以归纳出视觉空间变化的规律，使平面景物图形产生距离感和立体凹凸感。透视效果图则是一种将三度空间的形体转换成具有立体感的二度空间画面的绘图形式，它能真实地再现设计师预想的方案。透视效果图的技法源于画几何学的透视制图法则和美术绘画基础，因此掌握基本的透视制图法是学好绘制效果图的基础。

▶ 3.1.1 透视的相关概念

（1）透视的概念与特点

透视（Perspective）一词最早来源于拉丁文 Perspicerc，意思是"透而视之"，即透过透明的介质观看物象，并将所见物像描绘下来得到具有近大远小的图像，使纸上的二维空间呈现出三维立体空间的效果，这就是透视图。

德国著名画家丢勒在 1525 年出版的《圆规和直尺测量法》一书中，进一步研究了关于平行透视中正方形网格及做精确的成角透视图的问题。在该书的初版和第二版中，先后刊出了四幅精美的木刻插图，介绍了利用玻璃板绘制透视图的几种不同方式。这是对透视基本概念最好的诠释。（如图 1 至图 3）

透视这个词在《现代汉语词典》中是这样解释的："用线条或色彩在平面上表现立体空间的方法。"透视是通过一层透明的平面去研究后面的物体的视觉科学。而将看到的或设想的物体、人物等依照透视规律在某种媒介物上表现出来，所得到的图叫透视图。

透视，本质上就是在平面图纸上刻画立体的对象和空间。人们在观察三维对象时，二维的视网膜依据投影关系而形成近大远小、近疏远密的透视现象，所以，通过透视形成的立体感是人类视神经的生理机能。

（2）透视的分类

对于透视的分类，我们从以下几个方面进行分析。

a. 从理论研究角度分类

线透视：它是使观者识别画面空间最为有效的表现方法。场景中的延伸平行线看上去愈远愈聚拢，直至汇合于一点。

色彩透视：即近处的色彩偏暖，远处的色彩偏冷。

消逝透视：物体的明暗对比和清晰度随着距离的变化而产生强弱变化。

b. 从教学目的上分类

绘画透视：它是绘画艺术所依赖的一门科学技法，是在平面上塑造高、宽、深三度空间的重要法则，帮助画者表现各种客观物象的体积、位置和空间关系，以便真实而艺术地表达出画者的视觉感受。

设计透视：以绘画透视为基础，把透视原理与法则运用于工艺美术设计中，是一门研究并解决在平面上表现立体效果的问题，使画面实现空间结构景象设计的基础学科，是造型设计师准确地表达空间、立体效果的重要方法。

c. 从形式角度上分类

焦点透视：是在遵守视觉感受的基础上从一个固定的位置写生，以一点为透视中心进行创作，是传统西方绘画构图的重要法则。焦点透视有三个基本规律：平行透视（如图 4 至图7）、成角透视（如图 8）和倾斜透视（如图 9）。

散点透视：不受一个焦点的限制，可以在一幅画上有多个心点。中国画和装饰画都有这个特点，可以把不同视点上所看到的景物组织到一幅画面上来。如中国古代绘画《清明上河图》《韩熙载夜宴图》等都是运用散点透视原理画出来的。（如图 10 至图 11）

图1 丢勒《画家画肖像》

图2 丢勒《画家画瓶饰》

图3 丢勒《画家画卧妇》

图4 平行透视

图5 平行透视

▶ 3.1.2 透视图的专用术语

（1）视点（Eye Point）——观察者眼睛所处地点与位置。（如图12）

（2）足点（Standing Point）——观察者在地面上的位置点。

（3）地平线（Sky Line）——观察者所见延伸处水或地与天的交接线，与观察者眼睛的高度相同。在画面上，平视的地平线与视平线重合；俯视时的地平线在视平线下方；正俯、仰视的画面上只有视平线，没有地平线。

图10　散点透视（清明上河图）

图6　平行透视

图7　平行透视（李静茹 画）

图8　成角透视（申心如 画）

图9　倾斜透视（任远 画）

图11　散点透视《韩熙载夜宴图》

（4）视平线（Horizon Line）——与画面平行的一条水平线。该水平线与视点等高，并且是视平面（视点、视线高度所在的水平面）与画面垂直相交的线。

（5）心点（Center of Vision）——观察者视线与画面垂直相交的点。它位于正视域和视平线的中央。它是与画面成90°角的水平段的灭点。按焦点透视规律，一幅画面上只有一个心点。

（6）距点（Distance Point）——将视距的长度反映在视平线上心点的左右两边所得的两个点。一幅画面上只有两个距点，分别位于心点左右视平线上，并与心点的距离相等。

（7）灭点（Vanishing Point）——画面上不平行的直线无限延伸，在画面上最终消失于一点，这个点就是灭点。与画面不平行而相互之间平行的直线，或与视平面平行而与画面不平行的直线均向同一个点汇聚并消失，该点也称灭点。

（8）画面（Picture Point）——视点与被画物之间假设的一个透明平面。

（9）基面（Ground Point）——通常是指物体放置的平面，户外多指观察者所站立的地平面。

（10）基线（Ground Line）——画面与地平面（桌面、台面）的交线。

（11）中心视线（Central Visval Ray）——视点至视心的连接线及其延长线。

（12）余点——与画面成任意角度（除90°、45°以外的任何角度）的水平线的灭点。在视平线上可以有很多个余点，余点的位置因水平线与画面形成的角度而定。与画面所成角度小于60°的水平线段的灭点在视圈以外。

（13）视圈——由视点引出的视角约为60°的圆锥形空间，该圆锥与画面交割的圆圈是画面上的正常视域范围，称为视圈。物体的透视图要画在视圈以内。

（14）天点——近低远高、向上倾斜与画面不平行的线段的延长线在水平线上方的灭点。

（15）地点——近低远高、向下倾斜与画面不平行的线段的延长线在水平线下方的灭点。

（16）透视线——任何一种线只要与画面成一定角度，皆会消失于某一点，这样的线都被称为透视线。

（17）视高——平视时，视点到被画物体放置面的高度，即视平线和基点的距离。

（18）视中线——视点与心点相连的、与视平线成直角的一条线。

（19）视垂线——由心点引出与画面平行并与视平线成直角的垂直线。

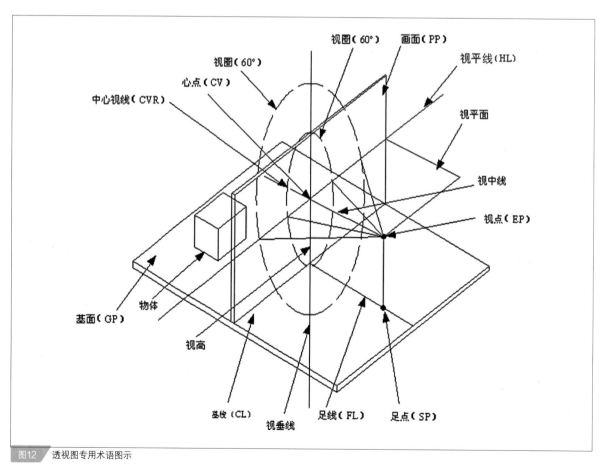

图12　透视图专用术语图示

3.2 一点透视

在学习效果图的过程中，一点透视（也称平行透视）是学习透视知识和绘制手绘效果图最基础的一种透视方法，也是大家在接触透视时最先学习到的一个知识点。所以对一点透视的掌握尤为重要，可以为后面学习其他的透视方法打下很好的基础。

▷3.2.1 一点透视的概念及特点

（1）概念

平视时当方形物体的一组面与透明平面构成平行关系时的透视称为平行透视（也叫一点透视）。

当绘图者的视线垂直于所观察物体纵深边，且物体的各边呈90°相互垂直关系的时候，所形成的透视关系是：透视线向同一方向延伸并相交于一个灭点，这种透视现象称为平行透视。（如图13至图14）

（2）特点

在环境艺术设计中，室内空间的设计占了相当大的比例。由于平行透视能够表现空间中的五个面，能够较充分地展示出设计的内容和环境的关系，因此在室内空间的设计表现图中应用最为广泛。

平行透视的表现范围广，对称感、纵深感强，适合表现庄重、严肃的题材（比如起居室、礼堂、会议室等），

但如果视点位置选择不当，容易使画面呆板。

一般来说，平行透视是指视点距物体放置面在一人左右的高度下的平行透视。

▷3.2.2 一点透视的作图步骤

室内实例：画一宽、高、深分别为4m、3m、5m的室内空间图，并画出0.5m×0.5m的方格地板。

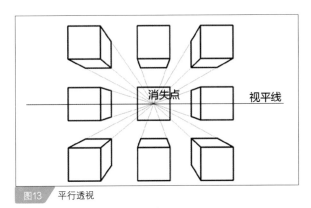

图13　平行透视

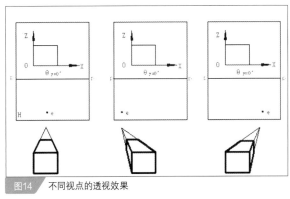

图14　不同视点的透视效果

↘ 一点透视的作图步骤

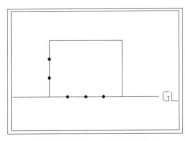

01 绘制后墙立面。按1:50的比例画出4m×3m的后墙立面，并延长基线（GL）。

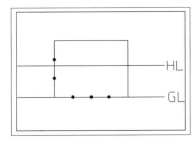

02 绘制视平线（HL）。在基线上方1.5m至2.0m处画水平线，为视平线。

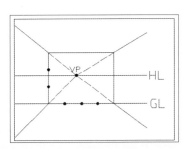

03 确定灭点（VP）和墙角透视线。在视平线上根据需要定点，并将此灭点与四个墙角以线连接，并延伸成为透视空间。

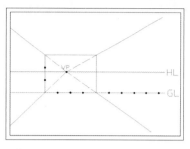

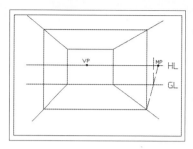

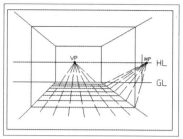

04 绘制实际进深。按 1:50 比例,在基线上墙左或右测量出 5m 为实际进深。

05 确定测点和透视空间。过实际进深点向上做垂线交视平线于垂足,在视平线上垂足附近确定测点 MP(具体的测点位置的选择详见 3.2.3 相关内容)。连接测点和实际进深 5m 的点,并延长与墙角透视线相交,过交点分别做水平线和垂直线,得出透视空间。

06 绘制地板。在后墙立面的基线上,按 1:50 比例用 0.5m 的宽度定点,从墙角测点所在方向量取 0.5m 的宽度定点,从灭点和测点与每个相隔 0.5m 处的点用线连接并延长,即可得地板格。

07 绘制实际效果图。

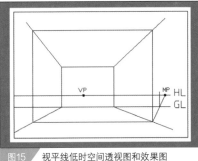

图15　视平线低时空间透视图和效果图

图16　视平线高时空间透视图和效果图

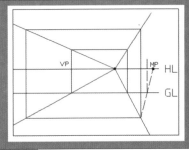

图17　灭点靠右时空间透视图和效果图

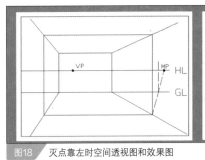

图18　灭点靠左时空间透视图和效果图

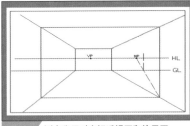

图19　测点靠里时空间透视图和效果图

▶ 3.2.3 一点透视的透视原理及空间运用

（1）有关视平线的变化

当视平线的位置较低的时候，仰视的角度较大，这时看见的顶棚面积较大，地面较小。当空间中顶棚的设计内容较多，是展示的重点时，适合选择这种角度来表现空间。（如图15）

当视平线定的位置较高的时候，俯视的角度较大，这时看见的地面面积较大，顶棚较小。当空间中地面的设计内容较多，是展示的重点时，适合选择这种角度来表现空间。（如图16）

（2）有关灭点的变化

当灭点的位置定得比较靠右的时候，看见的左墙面积较大，右墙面积较小。当空间中左墙面的设计内容较多，是展示的重点时，适合选择这种角度来表现空间。（如图17）

当灭点的位置定得比较靠左的时候，空间中右墙面的设计内容较多，是展示的重点时，适合选择这种角度来表现空间。（如图18）

（3）有关测点的变化

当测点的位置定得比较靠里的时候，空间纵深感强，后墙立面较小。当空间中的设计内容较多时，适合选择这种角度来表现空间。（如图19）

当测点的位置定得比较靠外的时候，空间纵深感弱，后墙立面较大。当空间中的设计内容较少、后墙里的设计内容是展示的重点时，适合选择这种角度来表现空间。（如图20）

由例图可看出：

视平线定得低，则顶棚大；

视平线定得高，则地板大。

灭点定得靠右，则左墙大；

灭点定得靠左，则右墙大。

测点定得靠内，则进深长；

测点定得靠外，则进深短。

作图时，要根据画面需要和表现对象及构图的艺术性来定视平线、灭点和测点的位置，以达到理想的效果。

一般情况下，我们会选择将视平

线定得低一些来构图。这是因为，视平线较低时，人看空间呈现仰视状态，这样有助于我们对于空间和空间感的塑造。在仰视的视角下看空间，空间会显得更高，这样，在我们按照空间实际尺寸作图时，可以相对使空间看起来比实际更高一些，这也是我们通过艺术构图的手法来塑造空间的一个技巧。另外，从画面的疏密关系方面来讲，采用仰视的角度，地面的物体多反而给的面积小，可以使这部分的

线条更密集，顶棚的物体少反而给的面积大，可以使这部分的线条更稀疏，这

样就会产生疏密的对比，有助于画面艺术感的塑造。（如图21至图22）

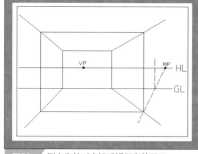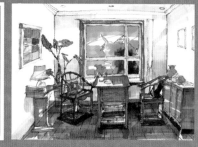

图20　测点靠外时空间透视图和效果图

图21　视平线低时效果图（李静茹 画）

图22　视平线低时效果图（沙沛 画）

3.3 两点透视

在学习完一点透视以后，我们进入两点透视（也称成角透视）的学习。两点透视是透视领域中运用广泛的透视方法，也是我们在绘制手绘效果图时经常用到的透视方法，而且这种透视方法简单易学，画面效果也很生动。

▶ 3.3.1 两点透视的概念及特点

（1）概念

当绘图者的视线与被观察物体的纵深不相垂直而形成一定角度的时候，我们所观察到的物体的透视线按各自不同方向的纵深边延伸并消失在视平线上的不同灭点上，这时透视图中至少有两个灭点，这种透视称为两点透视（也称成角透视或余角透视，如图23）。

（2）特点

两点透视的动感较强，画面生动、活泼，表现范围较平行透视小，对称感、纵深感较弱，适合表现生动、活泼的题材（比如卧室、餐厅、娱乐空间等）。但如果视点位置与角度选择不好会出现畸变或失重。

▶ 3.3.2 两点透视的作图步骤

尝试画出高 3m，左墙宽 3m，右墙宽 4m 的室内空间图，并画出 0.5m×0.5m 的地板格。

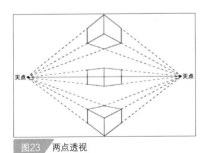

图23 两点透视

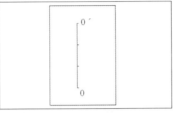

01 绘制直高线。按比例画出 3m 的直高线。

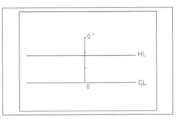

02 绘制基线和视平线。过直高线底点 O 做一条水平线为基线，在直高线 1.5m 至 2.0m 处做基线的平行线为视平线。

03 绘画出实际墙宽。在基线上 O 点两侧按比例分别量出 3m 和 4m 为实际墙宽。确定灭点（VP）。在视平线上在两倍于墙宽的位置定灭点 VP₁、VP₂。

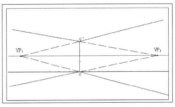

04 绘制墙角透视线。分别连接灭点 VP₁、VP₂ 和直高线两端点 OO'，并延长为墙角透视线。

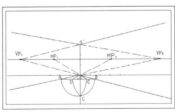

05 确定测点。（1）延长 O'O；（2）过 O'O 延长线上任一点作水平线，交墙角透视线于 AB 两点；（3）取线段 AB 中点为圆心，AB 长度为直径画半圆，交 OO 延长线于 C 点；（4）以 A 为圆心，AC 长为半径画圆，交 AB 于点 E；（5）以 B 为圆心，BC 长为半径画圆，交 AB 于点 D；（6）连接 EO 并延长交视平线于一点 MP₁，即为一测点（MP₁）；（7）连接 OD 并延长交视平线于一点 MP₂，即为另一测点（MP₂）。

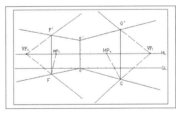

06 确定透视空间。（1）分别连接两测点和实际墙宽并延长交墙角透视线于点 F、G；（2）分别过点 F、G 向上引垂线交上面两条墙角透视线于 F'、G'；（3）分别连接 VP₁F、VP₁F'、VP₂G、VP₂G' 得透视空间。擦去辅助线，保留基线、视平线、灭点和测点。

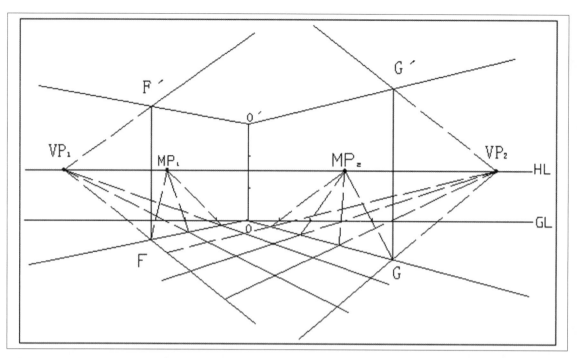

07 绘制地板格。在基线上两面墙的实际墙宽上分别量出 0.5m 的地板格宽，连接测点和地板宽点并延长至墙角透视线，然后连接灭点和墙角透视线上的点并延长，即为地板格。

08 绘制实际效果图。

3.4 一点透视校正法

一点透视校正法也称倾斜透视，是在一点透视的基础上进行校正，一般在灭点确定得比较偏的情况下使用，可以同时获得一点透视和两点透视都具备的画面效果，所以在手绘效果图领域使用很广泛。

▷ 3.4.1 一点透视校正法的概念及特点

（1）概念

平行透视的视中心一般设定在墙宽度的三分之一中间段范围内，这样透视图的视觉感比较稳定。视中心过于偏左或偏右都会造成透视图中的实体变形，使空间表现失真。但是，有时为了强调某一侧立面，视中心必须偏离墙宽度的中三分之一范围才能达到预想效果。在这种情势下，只有采用一点透视校正法，才能根据需要自由确定视中心的位置，并且可以校正透视中实体失真的弊端。

（2）特点

a. 表现范围广，能够表现空间中的五个面，较充分地展示出设计的内容与环境之间的关系。

b. 画面构图活泼。

c. 作图者对画面效果的控制力强，作图者可以根据画面效果的需要来控制墙角线的倾斜角度，以此来控制整个画面的效果。

▷ 3.4.2 一点透视校正法的图步骤

室内实例：试画一宽、高、深分别为 4m、3m、5m 的室内空间透视图，并画出 0.5m×0.5m 的方格地板。

↘ 一点透视校正法的作图步骤

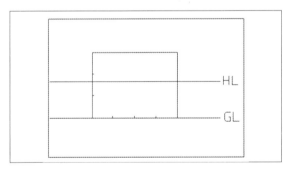

01 绘制后墙立面、基线、视平线。按比例画出 3m×4m 的墙，并延长基线，画出视平线。

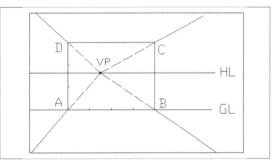

02 确定灭点、墙角透视线。在视平线上根据需要确定灭点，灭点一般定在中三分之一范围外，将灭点与四个墙角以线连接，并将其延伸成为透视空间。

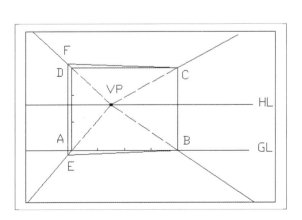

03 绘制新后墙立面、新基线。从 B 点做 BE 交墙角透视线于点 E（BE 斜度不可太大）。过 E 点向上引垂线，交墙角透视于 F 点，连接 FC 即得新的后墙立面。将左侧基线过 E 点平行下移即得出新基线。需要注意的是调整底墙透视时，远离视中心（灭点）的端点不动，将另一端按照近大远小的原则适当扩大。扩大的度是任意的，但也不宜太大，否则会出现视觉误差，使底墙具有透视感。

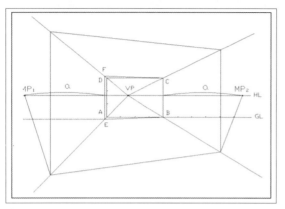

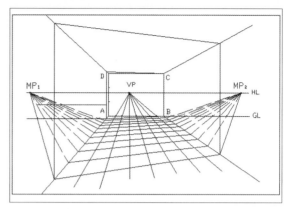

04 画出实际进深，定测点，确定透视空间。（1）在左右两侧基线上分别画出实际进深。（2）先确定一侧测点，测点定在实际进深稍靠外一点，另一测点按公式量出（a=a）。（3）最后分别连接测点和实际进深，并延长交墙角透视线于两点，连接这两点，由此确定了透视空间。

05 绘制0.5m×0.5m的地板格。（1）画物体的进深，两边都要找出来然后连接。（2）原来的后墙立面不要擦去，找物体的宽和高时，还会在原来的后墙立面找。

06 绘制实际效果图。

3.5 轴测图

轴测图没有透视变化，它在表现立体空间时非常有优势，可以同时表现多个空间的立体效果，并可以清晰地表现各个空间之间的关系，所以在环境艺术设计领域有很强的实用性（如图24）。

▶ 3.5.1 轴测图的概念及特点

（1）概念及特点

前面所讲到的所有透视方法都是通过灭点的方式来表现物体的立体感。除此之外，还有一种不用灭点的特殊方法，也能反映出物体的长、宽、深三个量度的空间关系，这种方法就是轴测图画法，也称轴测投影。（如图24至图25）

轴测图是根据平行投影的原理，采用与物体的三个向度都不一致的投影方向，将空间物体及确定其位置的直角坐标系一起平行投影于某一投影面上所得的投影。在轴测投影图中，物体三个方向的面都能同时反映出来。（如图26）

如果要把产品或建筑物的内外空间结构等表达在一张图纸上，可以说轴测图是一种最有效的方法，因为它能同时表现出物体的平面、立面和剖面的组合关系。

由于轴测图能同时反映方形景物长、高、宽三个方向的表面形状，所以具备营造具有立体感，但却无近大远小效果的特征。同时从视觉方面看，接近人远视距的视觉成像效果。

轴测图的特点在于能够再现空间的真实尺度，并可在画板上直接度量。轴测图的不足之处在于不符合人眼观看习惯，感觉比较别扭。因为轴测图没有透视意义上近大远小的变化，所以它并不属于透视的范围。（如图27）

（2）相关术语

a. 轴测投影面即投影面。

b. 轴测投影轴又称轴测轴，三个方向的直角坐标轴 OX、OY、OZ 的轴测投影 O_1X_1、O_1Y_1、O_1Z_1 叫轴测轴，三轴之间夹角之和为 360°。

c. 变形系数。坐标轴在轴测图上的缩短程度称为轴向变形系数。在实际作图时，由于按变形系数作图比较麻烦，一般只选用简化变形系数或不考虑变形系数。

图24　轴测图

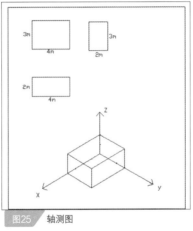

图25　轴测图

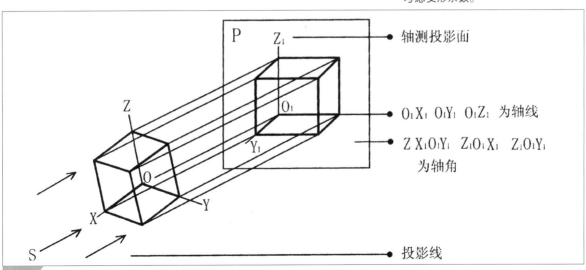

P
Z_1 ── 轴测投影面

O_1X_1　O_1Y_1　O_1Z_1　为轴线

$ZX_1O_1Y_1$　$Z_1O_1X_1$　$Z_1O_1Y_1$
　　　为轴角

投影线

图26　轴测图的形成

▶ 3.5.2 常用轴测图

（1）正等轴测图

采用正投影法，使轴测投影图三个轴间均为120°，可得到方形景物三个变形面，三个变形系数相等为1。

作图时采取 OZ 轴垂直状态，由于三个轴的变形系数相等，所以作图时一般不考虑变形系数，但所得的轴测图尺寸比实际轴测投影大1.2倍。

特点：图形看起来比较逼真，作图也简单，是一种应用广泛的轴测图。

正等轴测图坐标系有三个。（如图28）

（2）正二等轴测图

采用正投影法，使轴测投影图三个轴间角分别为131º25′、131º25′、97º10′，作图时采取 OZ 轴垂直状态，OY 轴的变形系数可简化为0.5，另两轴变形系数为1.5。正二等轴测图相比图形直观效果好但作图较复杂。（如图29）

（3）水平斜轴测图

采用斜投影法，使轴测投影图中方形景物水平面为实面，另一个面为变形面，三轴间角为135º、135º、90º，作图时采取 OZ 轴垂直状态，三轴变形系数为1。（如图30）

水平斜轴测图一般用作画鸟瞰图。

（4）正面斜轴测图

采用斜投影法，使轴测投影图中方形景物直立正面为实面，可采取三种角度关系。作图时采取 OZ 轴垂直状态，除斜线轴 OY 变形系数为0.5外，其余轴变形系数为1。（如图31）

特点：图形比较美观，作图也方便。

总之，正等轴测图：轴间角为120°、120°、120°，变形系数1。

正二等轴测图：轴间角为131º25′、131º25′、97º10′，变形系数 OY 轴为0.5，另两轴为1。

水平斜面轴测图：轴间角为135°、135°、90°，变形系数为1。

正面斜轴测图：轴间角分别为90°、120°、150°，90°、135°、135°和90°、150°、120°，变形系数 OY 轴为0.5，另两轴为1。

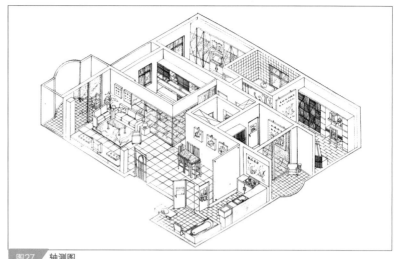

图27　轴测图

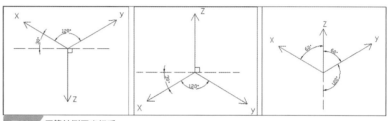

图28　正等轴测图坐标系

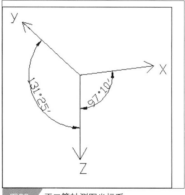

图29　正二等轴测图坐标系

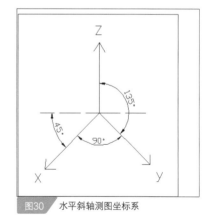

图30　水平斜轴测图坐标系

（1）90°、120°、150°　　（1）90°、135°、135°　　（1）90°、150°、120°

图31　正面斜轴测图坐标系

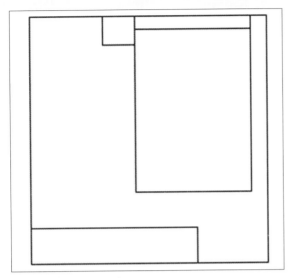

01 先绘制一室内平面图。

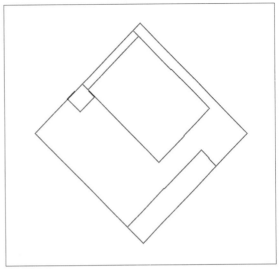

02 将此平面图旋转一定角度（角度由轴间角决定，一般有 30°、45°、60°）。

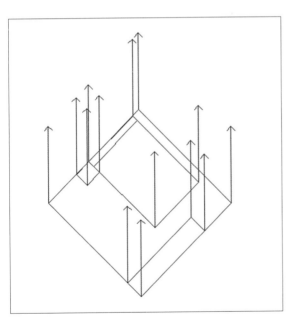

03 把墙体、家具的高度升起来。

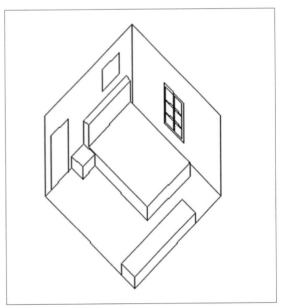

04 按尺寸确定每个物体的高度，绘制出物体的顶面，完成轴测图。

绘制一张优秀的手绘效果图的第一步是要具备完整的透视知识和良好的透视感觉，所以透视感觉的培养和透视技巧的训练尤为重要。下面将通过详细的步骤图来讲解透视图的画法，将透视图和室内效果图很好地进行结合，对初学者来说，是很好的教学实例。

教学内容

设计并绘制一张卧室的两点透视图。
（如图32）

教学目标

1. 让学生了解卧室设计要点和注意事项。
2. 通过详细的作图步骤使学生熟练掌握两点透视的绘制方法。
3. 训练学生将生硬的透视线条绘制成灵活的手绘线条的能力。
4. 训练学生处理整体画面线条效果的能力。

图32　卧室透视图

卧室透视图的制图步骤

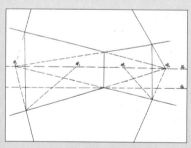

01 通过确定基线、视平线、灭点、测点，画出房间整体的透视空间。

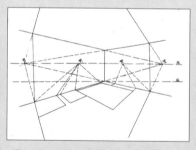

02 画出主体物在地面上的透视形。

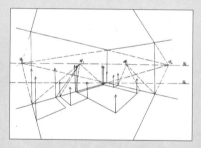

03 在地面上透视形的基础上，将物体高度升起，完成基本的透视形。

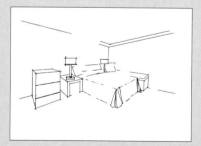

04 根据所画的透视线稿，用钢笔直接绘制物体，并擦去原有的铅笔辅助线。

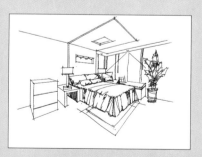

05 进一步绘制，完成主体物和空间效果。在准确透视的基础上，注意线条的灵活性和空间关系的处理。

06 刻画细节，调整整体画面。

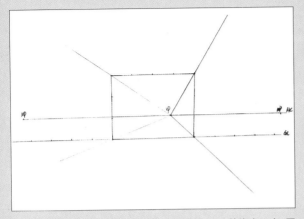

01 根据客厅的设计内容,通过视平线(HL)、基线(GL)、灭点(VP)和测点(MP)来确定画面透视空间。

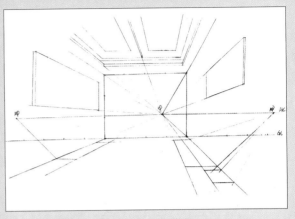

02 根据透视关系画出主体物的平面位置。

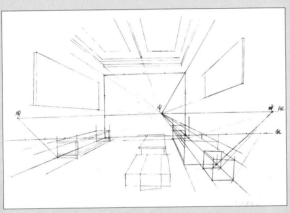

03 进一步根据透视关系画出主体物的透视结构图。

04 按照透视关系完成画面中所有物体的透视结构绘制。

05 将透视辅助线擦去,用铅笔完成物体造型的绘制。

06 用钢笔定稿,同时完成线条的处理和画面关系的调整。

准确地把握透视规律是所有室内手绘效果图最本质的要求。设计构思是通过画面艺术形象来体现的，而形象在画面上的位置、大小、比例、方向的表现是依据科学的透视规律完成的。因此设计师必须掌握透视规律，在对透视规律熟练应用的基础上，我们还得学会用结构分析的方法来研究表现对象的结构关系和空间关系，使画面更加生动。下面就针对几幅学生作品就透视如何在手绘效果图中灵活运用进行详细点评。

图33　小户型一点透视图

左图是约 45m² 小户型房间的一点透视图（如图33）。由于小户型的空间有限，设计难度比较大，需要在有限的面积内合理地安排日常生活的空间。

本设计方案布局合理，不仅安排了必备的生活、学习空间，而且在楼梯下面巧妙地设计了景观，是一套非常优秀的小户型设计方案。

在透视构图方面，透视准确，视点选择合理，线条比较成熟，是一幅优秀的透视作业。

图34　一点透视图

图35　一点透视校正法

左一这张一点透视图（如图34）透视准确，线条流畅，表现的设计内容完整，是一幅比较好的透视作业。不足之处在于视点的选择过于居中，如果稍偏一点效果会更好。

左二这张一点透视校正法作业非常优秀（如图35），不仅透视非常准确、舒服，线条也很流畅、成熟，并且画面的疏密关系控制得十分好，值得初学者学习。

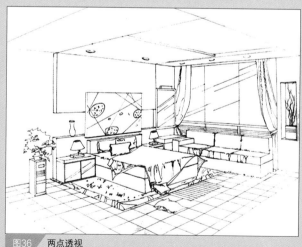

图36　两点透视

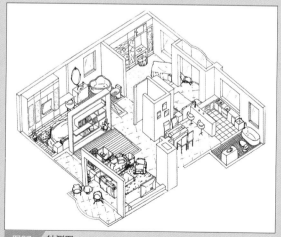

图37　轴测图

上图这张两点透视作业（如图36）线条的处理缺少变化。另外一个不足之处在于线条的疏密关系没有处理好，使得画面整体过平，主体不突出。

上图这张轴测图的绘制非常细致、到位，空间结构关系交代非常清楚，线条流畅有力，是一幅非常优秀的轴测图作业。（如图37）

内容

根据以下一套家装 CAD 图（如图 38 至图 41），自选一个空间绘制一张两点透视图和一张一点透视校正法，再画一张整体布局空间的轴测图。

要求

1. 尺规作图，透视准确，线条流畅。

2. 注意画面效果的处理，黑、白、灰合理搭配。

3. 两点透视和一点透视校正法限定在 3 个小时内完成起稿和墨线，轴测图限定在 8 小时内完成。

4. 两点透视和一点透视校正法 3 张作业画在 3 号绘图纸上，轴测图画在 2 号绘图纸上。

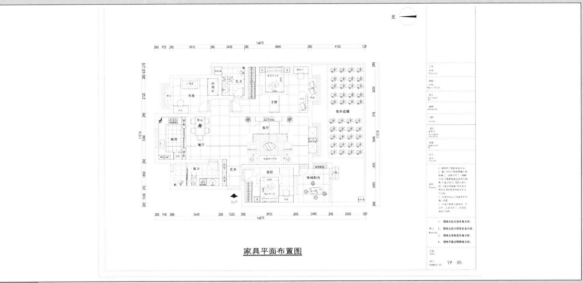

图38　家具平面布置图

图39　天花吊顶造型图

41

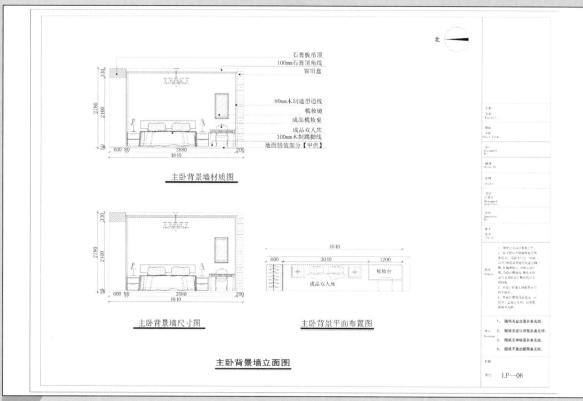

图40　主卧背景墙立面图

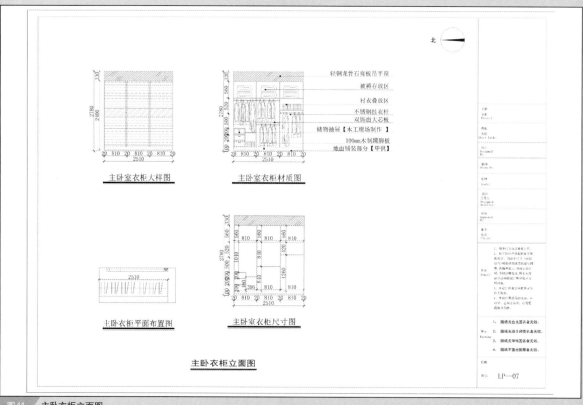

图41　主卧衣柜立面图

室内
手绘效果图技法基础

第**4**章

4.1 工具与材料
4.2 线条的表现
4.3 色彩基础
4.4 材质表现
4.5 平面图表现基础

课题概述

本章主要通过对手绘效果图使用工具与材料、线条、色彩等方面的
讲解，使学生具备绘制手绘效果图的基本技能。这一章节虽然是手
绘效果图技法的基础，但也是画好手绘效果图的关键。

教学目标

通过本章的学习，了解绘制室内手绘效果图的工具与材料的种类及
其用法。通过线条的练习，解决效果图的线稿问题。同时，通过色
彩理论的学习和单体上色的练习，掌握手绘的色彩，为后面绘制手
绘效果图打好基础。

章节重点

掌握工具的特性，重点是把握工具与材料结合的特点。线条的感情
处理是整个绘制过程中的难点要点，此外色彩在手绘表现中的应用
也是色彩训练时的重点。

4.1 工具与材料

随着艺术设计专业和科技的迅速发展，设计表现的材料与工具日新月异，品种繁多（如图1）。"工欲善其事，必先利其器"，绘图工具和材料的选择与应用对手绘表现图绘制的成败起到了至关重要的作用。本节将系统介绍绘制专业表现图所用的系列工具和材料，重点介绍每种工具和材料的特点以及工具和材料结合时表现出来的特性，只有掌握这些特性，绘图者在绘制效果图时才能游刃有余，达到事半功倍的效果。

4.1.1 纸张的介绍

设计用的纸张种类特别多，这些纸一般都可以绘制效果图，纸的选择应随设计表现技法的形式来确定，绘图时必须熟悉各种纸的性能，选择适合此种表现技法的纸张制图。本节主要介绍手绘效果图常用纸张及每种纸的特点，并介绍裱纸技法，方便初学者学习。（如图2）

（1）效果图表现常用纸张

一般我们常用的纸的品种主要有：素描纸、水彩纸、水粉纸、绘图纸、铜版纸、马克笔纸、色纸等。

a. 素描纸。纸质厚，表面纹路较粗，易画铅笔线，耐擦，吸水性差，宜作较深入的素描、粉彩、炭铅、炭条图等。

b. 水彩纸。正面纹理较粗，吸水力强，反面稍细腻，耐擦，用途广泛，宜作精致描绘的表现图。

c. 水粉纸。较水彩纸薄，纸面略粗，吸色稳定，不宜多擦，国产多为白色水粉纸。

d. 绘图纸。纸质较厚，结实耐擦，表面吸光，吸水性适中。除用来制图外，还可以绘制效果图，适宜搭配水粉、透明水色、铅笔淡彩、钢笔淡彩、马克笔、彩铅笔及喷笔等作画。

e. 铜版纸。白亮光滑，吸水性差，不适宜铅笔作画，适宜钢笔、针管笔、马克笔作画。

f. 马克笔纸。多为进口，纸质厚实、光挺。

g. 色纸。主要有彩色水彩纸、彩色水粉纸、彩色卡纸，色彩丰富，品种齐全，多为进口，所以价格偏高。纸色多数为中性低纯度颜色，可根据画面内容选择适合的颜色基调。

h. 卡纸，牛皮纸。多为工业用纸，熟悉其性能后也可成为进口色纸的代用品。但是每一种纸都需配合工具的特性以呈现不同的质感，如果选材得当，会取得理想的画面效果。有时选材的巧妙搭配，还会有意外的效果出现，例如选用黑卡、深色卡纸或者牛皮纸的本色做背景，以水粉画法进行局部表现，画面效果会异常鲜明生动。如果选材错误，则会造成不必要的困扰，降低绘画速度与表现效果，比如：用马克笔平涂或者喷绘的画法，就不宜在光滑的卡纸上和渗透性强的纸张上作画。

（2）裱纸技法

凡是使用软笔类及水质颜料作画的技法，须将图纸裱贴在图纸上方绘制，否则纸张遇湿膨胀，纸面干后凹凸不平，绘制过程和画画的最后效果会受影响。下面介绍具体的裱纸方法（如图3至图4）：

第1步：准备好一张白纸（最好是素描纸或水彩纸），绘图板一块（比纸张尺幅要大一些，表面要干净平整），另准备同质量白纸（或废弃图纸）一张，糨糊或白乳胶一瓶，底纹笔一支，大号废油画笔或水粉笔一支，水盆和干净水。

第2步：从废纸上裁4张大约3厘米宽的贴边用纸条，贴边长度须超过白纸的幅面尺寸。

第3步：用底纹笔蘸水将画纸从背面均匀地刷湿，不要直接用水洒，那样水分会很多，然后把背面刷湿的画纸面朝下铺平到画板上。

第4步：把糨糊或白乳胶搅拌均匀，然后用大号废油画笔或水粉笔均匀地涂抹到每一根贴边用的纸条上。

图1 手绘效果图各种工具

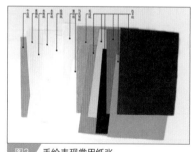
图2 手绘表现常用纸张

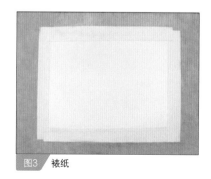
图3 裱纸

第5步：涂刷好糨糊或白乳胶后，就开始贴边，把纸条贴在纸的四边，注意与纸交接的地方一定要压紧。

第6步：粘好了四边，观察一下还有哪里的边缘没有涂到糨糊，现在还可以补救，然后将裱好的画纸连同绘图板平放到一旁就大功告成了。等到晾干后，一张裱得非常平整的画纸就从你手上诞生了。

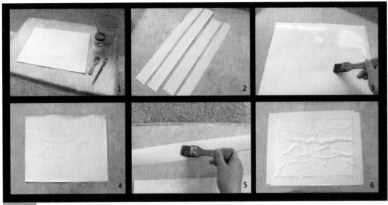

图4　裱纸方法

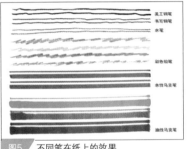

图5　不同笔在纸上的效果

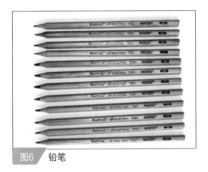

图6　铅笔

图7　钢笔

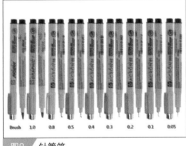

图8　针管笔

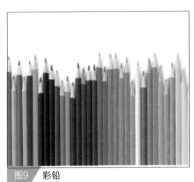

图9　彩铅

图10　油性马克笔

4.1.2 笔的介绍

在画效果图时，需要使用的笔有：铅笔、钢笔、马克笔、彩铅、色粉笔等，对于工具的掌握能力直接反映了画者的专业水平。每一种笔的特性差别很大，画出的效果图差别也很大。（如图5）

（1）铅笔。以笔的软硬程度分为两个系列：硬铅笔系列与软铅笔系列。中性铅笔常用于起稿，宜深宜浅，便于擦改。炭笔可归此类，色彩深沉，宜作素描表现。（如图6）

（2）钢笔。在钢笔系列中，钢笔、速写钢笔、针管笔、蘸水钢笔均属此类。特点是墨水可以随时注入笔中，笔趣变化均在笔尖上，宜书宜画，方便快捷，是设计师速写、勾勒草图和快速表现的常用工具。（如图7至图8）

（3）彩色铅笔（简称彩铅）。彩铅有水溶性彩铅与油性彩铅之分，使用方法与铅笔相同。水溶性彩铅蘸上水之前是铅笔效果，在蘸上水之后就会变成像水彩一样，颜色非常鲜艳亮丽，色彩也很柔和。（如图9）

（4）马克笔。马克笔是一种用途广泛的工具，它的优越性在于使用方便、速干，可提高作画速度。水性、油性马克笔是我们比较常用的上色工具，色彩极其细致，普通的是120色的，分为油性和水性两种。使用马克笔画出的效果图比较鲜艳有光泽，而且也比水彩、水粉方便快捷。油性马克笔快干、耐水，而且耐光性相当好（如图10）。水性马克笔则是颜色亮丽透明。

马克笔就算重复上色也不会混合，所以初学者至少要有五十种颜色。其实，马克笔本来就是展现笔触的画材，不只是颜色，笔头的形状、平涂的形状、面积大小不同都可以展现出不同的绘制效果。为了能够自由地表现点线面，所以最好各种类的马克笔都收集一些。有两个笔头的马克笔相当好用。下面所展现的就是不同种类的马克笔。(如图 11 至图 12)

由于马克笔的价格较贵，初学者可以另外买些便宜的油性记号笔来搭配马克笔使用，效果也不错。如图 14 就是使用图 13 中的四支记号笔画出的效果图，效果也很理想。

(5)色粉笔。色粉笔较一般粉笔细腻，颜色种类较多，大都偏浅、偏灰，多与粗质纸结合，宜薄施粉色，厚涂易落，画完须用固定剂喷罩画面，以便保存。适用于快速表现以及为完成的效果图提高光、作过渡等，单独使用较少。(如图 15)

(6)喷笔。喷笔是一种精密工具，能制造出十分细致的线条和柔软渐变的效果。(如图 16)

4.1.3 其他辅助工具的介绍

效果图除了使用纸和笔绘制之外，还有其他必备的一些辅助工具，比如各种尺子、颜料、调色盒、剪刀、胶带纸、橡皮擦等。

(1)尺子

在设计表现图的绘制中几乎可以用到所有的尺，如直尺、模板、比例尺、界尺、丁字尺、三角板、曲线板、蛇形尺等(如图 17)。一般尺子用法比较简单，这里着重介绍蛇形尺和界尺的用法。

蛇形尺，又称蛇尺、自由曲线尺，绘图工具之一，为一种在可塑性很强的材料(一般为软橡胶)中间加进柔性金属芯条制成的软体尺，双面尺身，有点像加厚的皮尺、软尺，可自由摆成各种弧线形状，并能固定。蛇形尺因柔软如蛇而得名，可曲度相当高，一般用于绘制非圆自由曲线。当画曲线时，先定出其上足够数量的点，将蛇形尺扭曲，令它串联不同位置的点，紧按后便可用笔沿蛇形尺圆滑地画出

图11　油性马克笔色卡

图12　水性马克笔

图13　记号笔

图14　记号笔绘制的植物

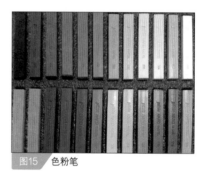

图15　色粉笔

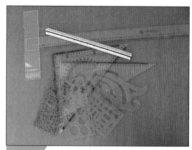

图16　喷笔

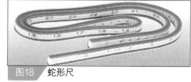

图17　各种尺子

图18　蛇形尺

曲线。（如图18）

界尺是用水质颜料画线条时不可缺少的工具。虽然鸭嘴笔是画线条的理想工具，但是因为每次填入的颜料有限，且颜料易干，速度较慢，因此不如界尺方便快捷。只是界尺需要有一定的使用技巧，否则线条不宜平直挺拔。（如图19）

常用的界尺有两种，一种是台阶

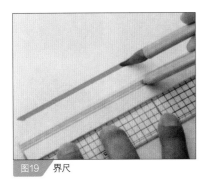

图19　界尺

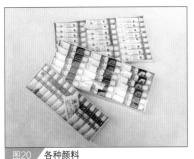

图20　各种颜料

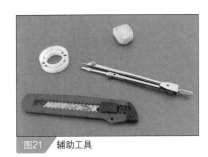

图21　辅助工具

图22　高光笔

式的，就是把两把尺或两根边缘挺直的木条或有机玻璃条错开边缘粘在一起。另一种是凹槽式的，就是在有机玻璃或木条上开出宽约4mm的弧形凹槽。

界尺的持握姿势像拿筷子一样。使用界尺时，左手握尺，右手拇指、食指和中指控制画笔，距尺约6至10mm处落笔于纸面。中指、无名指和拇指夹住滑槽的笔杆沿界尺由左向右均匀用力移动，即可画出细而均匀的线条。

（2）颜料

颜料主要有两大类：一类为不透明色，以水粉为代表，有瓶装和袋装两种，袋装质量较好；另一类为透明色，以透明水色和水彩为代表。颜料对于纸面的清洁要求比较苛刻，起稿时不要多用橡皮擦，否则易出现痕迹。水彩颜料的成品多为12或24色锡袋装，而高质量的块装水彩颜料最好用。（如图20）

水彩颜料：一般为铅锡管装，现也有塑料管装，便于携带，色彩艳丽，具有透明性，其色度与纯度和水的加入量有关，水愈多，色愈浅。

透明幻灯（照相）水色：分干片与小瓶装两种，色彩特别鲜艳、透明，纯度高，色性活跃，渗透性强，调色

需谨慎。

水粉颜料：使用普遍。除管装外，瓶装也多（宜选浓缩型），颜料中大都含粉质，故厚画时具有覆盖性，薄画时则呈半透明，多画便能掌握颜色的干、湿、深浅变化。

丙烯颜料：可用水稀释，薄画时有水彩感，厚画时类似水粉，颜色干、湿变化不大，不易褪色，调色板上的颜色干后结皮，不溶于水。

喷笔画颜料：专用颜料为进口货，质量高，价格昂贵，可用一般水彩、水粉颜料替代。用量大时在调色碟内沉淀后再用，可减少堵塞现象。

（3）其他工具

其他辅助工具还包括涂改液、调色碟、刻纸刀、电吹风、鸭嘴笔、小型空气压缩机、毛刷、排笔、笔洗、毛巾等。（如图21）

涂改液（高光笔）的用途：涂改液是在绘画过程中修改错误之处使用的，它有很强的覆盖能力，用其覆盖住画错的地方后，可以再进行绘画。另外涂改液还可以用来画出物体的高光部分，起到画龙点睛的作用。（如图22至图23）

图23　高光笔绘制技法

4.2 线条的表现

线条在效果图的表现中具有举足轻重的作用，中国画中提到线有"十八描"，由此可见线在画画中的用途之大。线条的主要作用在于画出效果图的内外轮廓和饰面的纹理特征等。当然不同方向、粗细、曲直的线具有不同的表达效果，这是通过长期的画图实践总结出来的。（如图 24 至图 29）

▷ 4.2.1 线条的特征

不同的线条具有不同的特点。比如平直的线条给人以规矩、速度的感受，弯曲的线条给人以圆滑、韵律的感受，线与线相互交织，更是变化无穷。

▷ 4.2.2 线条的运笔方法

线条的运笔方法多种多样：有的起笔慢、中段快、收笔慢；有的整体速度一样；有的起笔快、中间慢等。不同的运笔方式会营造出不同的视觉感受。在平时练习时我们就应该注意画线条的速度，有的时候还要注意曲直、方向等。

▷ 4.2.3 线条的情感

不是只有效果图成品有情感，效果图中的线条也具有情感，比如稀疏排列的线和稠密排列的线给人的感觉差别很大。

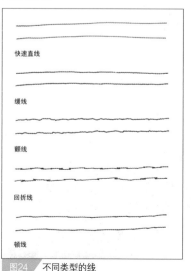

图24 不同类型的线

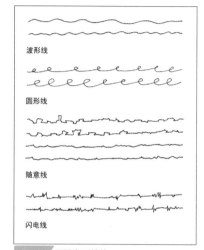

图25 不同类型的线

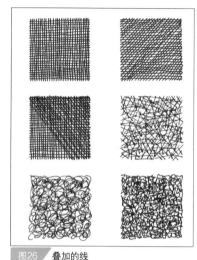

图26 叠加的线

图27 律动的线

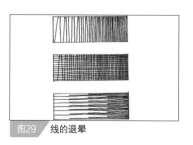

图29 线的退晕

图28 随意的线

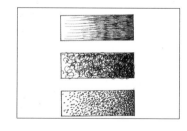

4.2.4 室内单体线条表现技巧

学习室内效果图，可先从单体的练习入手，画好单体是画好整幅效果图的基础。在画室内单体时，应注意到线条的变化，比如用曲线去表现水纹，用直线去表现墙线、石膏吊顶的轮廓线等，用交织的线去表现各种织物。在用线表现的过程中应注意将不同类型的线相结合。（如图30至图38）

图30 室内陈设品

图31 灯具

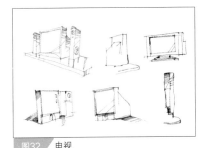

图32 电视

图33 椅子

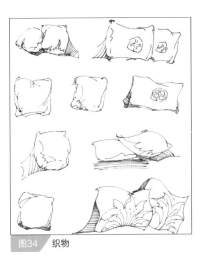

图34 织物

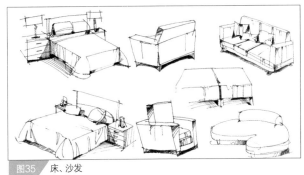

图35 床、沙发

图36 洁具

图37 人物

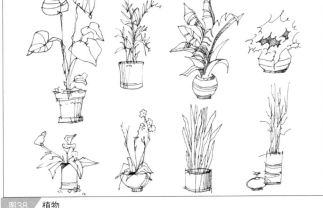

图38 植物

休闲沙发的绘制一定要注意构图、线条都要灵活，不要有拘谨的感觉，否则就和休闲沙发的功能大相径庭了。

构图上可以采用稍微倾斜的构图方式。绘制时要注意线条的起笔和收笔，一定要有丰富的变化，并且要大胆地用线，不要害怕露出线尾，重要的是保持线条的流畅性。

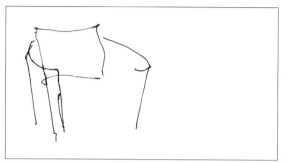

(01) 徒手绘制单体家具时，透视关系要做到心中有数，可以从物体的局部开始着笔。

(02) 逐渐扩大绘制的范围，注意物体之间的位置关系。

(03) 开始绘制另一个沙发，要特别注意其和第一个沙发以及茶几之间的远近位置，不要将它们之间的位置设置得一样，要有变化。

(04) 继续绘制沙发，注意线条的处理，线条接口的处理手法要灵活多变。

(05) 基本完成这一组沙发的绘制，把握整体的动势。

(06) 作品完成。

床体的绘制首先要掌握好透视关系，并保证床上用品、床头柜、台灯等物品的透视关系要一致。
线条绘制时要注意硬线和软线的不同处理手法，并把重点放在两者关系的处理上。硬线要绘制得干脆利索、有力度；软线要把流畅感表现出来。

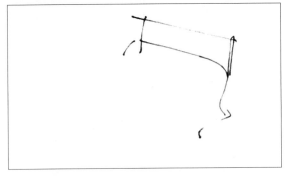

01　考虑好透视关系，胸有成竹，从局部直接下笔，下笔要肯定，第一笔很重要，直接决定整体的透视关系。

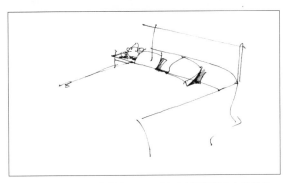

02　接着第一步的起笔往下画，重点先刻画视觉中心的线条。

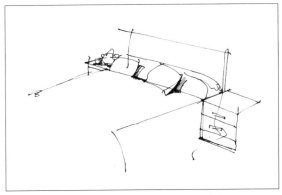

03　从视觉中心向外延伸画配景，一定要注意配景的透视角度和主体要一致。

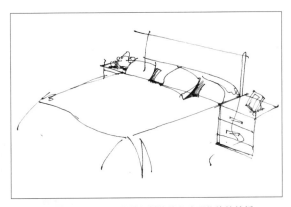

04　继续刻画，注意用简单概括的线条表现物体的转折。

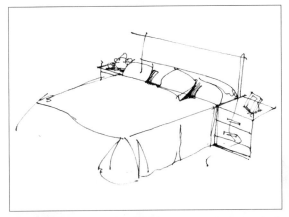

05　继续绘制床罩，利用线条的软硬变化表现织物的质感。

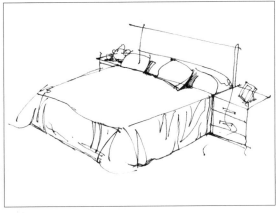

06　通过增加线条调整物体疏密关系，完成物体的绘制。

4.3 色彩基础

色彩是人类视觉中最响亮的语言符号。据调查，人在进入某个空间后最初几秒钟得到的印象，百分之七十五是对色彩的感觉，然后才会去注意形体。所以，色彩是室内设计不能忽视的重要因素。学习室内设计的表现技法，掌握色彩的运用规律，了解不同色彩的不同功能及人们自身对色彩的要求，其重要作用是不言而喻的。

▷ 4.3.1 色彩的基本原理

色彩在专业表现技法中占有重要的地位。确定空间环境的色调，选择家具的材料、色泽、质感都需要通过色彩来实现。对绘制室内效果图来说，需要绘图员具有良好的色彩感觉与技巧。良好的色彩感觉一是要通过理论学习来获得，二是要通过自身不断地实践来积累经验。首先我们来认识一下色彩的普遍规律。（如图39至图43）

（1）色彩的三要素

明度、色相和纯度是构成色彩的三要素。

明度指色彩的明暗程度。明度是所有色彩都具有的属性，最适合表现物体的立体感和空间感。白色是反射率较高的颜色，在其他颜料中加入白色，可提高混合色的明度，加入黑色则降低明度。

色相是指色彩的相貌，是区别色彩种类的名称。不同的波长给人不同的色彩感受，红、橙、黄、绿、蓝、紫每个都代表一个具体的色相。注意，色相是由波长决定的，所以以粉红色、暗红色、灰红色是同一色相（都是红色相），只是彼此明度和纯度不同而已。色相有高纯度、中纯度、低纯度、高明度、中明度、低明度之分。

纯度指色彩的纯净程度，也可以说是色相鲜艳的程度。在光谱中，红、橙、黄、绿、蓝、紫等色光都是纯度较高的色相，蓝绿色是纯度较低的色相。任何一个色彩加入白、黑、灰都会降低它的纯度，加入量越多就越低。眼睛在正常光线下对红色光波觉最敏感，因此红色的纯度显得特别高；绿色相对弱，因此绿色的纯度就低于红色。

（2）色彩的搭配

a. 同类色的搭配。同一色相的色彩进行变化统一形成不同明暗层次的色彩，是利用明度变化来配色的，同类色的搭配给人和谐的感觉。（如图44至图45）

b. 类似色的搭配。色相环上相邻色的变化统一，如红和橙、蓝和绿等类似色的搭配给人融合的感觉，可以构成平静而又有一些变化的色彩效果。（如图46至图47）

c. 对比色的搭配。补色及接近补色的对比色配合，明度与纯度都相差较大，如红与绿、黄与紫、蓝与橙等对比色的搭配给人以强烈、鲜明的印象。（如图48至图49）

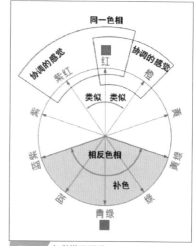

图39 色彩搭配原理

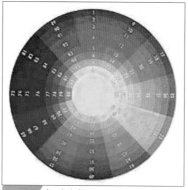

图40 十二色色相环

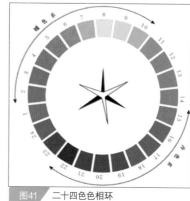

图41 二十四色色相环

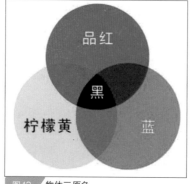

图42 物体三原色

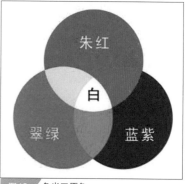

图43 色光三原色

▶ 4.3.2 色彩在室内设计中的作用

色彩设计是室内设计的重要方面，很多优秀的室内设计都在色彩方面做得很成功，因此我们在做室内设计时应重点考虑色彩。色彩有以下重要作用。

（1）烘托空间情调和气氛

不同的色彩能够使人产生不同的心理感受，利用色彩的变化去营造空间气氛是必不可少的，比如深红色给人以雍容华贵、温暖、热烈的感觉；蓝色格调烘托出宁静的空间氛围；橘色让人产生食欲；咖啡色让人思考；灰色则代表了理性。（如图50至图51）

（2）吸引或转移视线

色彩的一大功能是吸引和转移视线，鲜艳的颜色容易进入人们的视野，纯度低的颜色则相反。因此利用色彩的纯度变化可让人在视觉上注意一些物体同时忽视一些物体。室内设计可利用人的这种生理现象引导人们有步骤地看到室内的各个部分，引导人们注意室内精彩的部分。（如图52至图53）

（3）调节空间的大小

色彩对空间有很强的调节作用，高明度的色彩可以使空间变大，低明度的色彩作用则相反。比如，白色的空间明亮通透，使空间宽敞，较小的空间可利用这种方法使空间感觉变得大一些。再如现在家居住宅大多流行大厅，不少人觉得过于空旷，这时可用暖色来营造一间较为温馨惬意的客厅，也可随意用色彩鲜艳的大图案窗帘及装饰织物来装饰。利用色彩的心理作用，可以重新"塑造"空间，弥补居室的某些缺陷。（如图54至图55）

（4）连接相邻的空间

有时相邻空间的连接也可以通过色彩来完成。相同和相近的色彩可使不同的空间在视觉上相连。比如，虽然客厅、阳台是两个不同的空间，但客厅到阳台用同一种颜色的墙漆来涂刷的话，可以让两个空间相融合。（如图56至图57）

图44 同类色的搭配

图45 同类色的搭配

图46 类似色的搭配

图47 类似色的搭配

图48 对比色的搭配

图49 对比色的搭配

图50 烘托空间情调和气氛

图51 烘托空间情调和气氛

图52 吸引或转移视线

图53 吸引或转移视线

图54 调节空间的大小

图55 调节空间的大小

图56 连接相邻的空间

图57 连接相邻的空间

▶ 4.3.3 色彩在手绘表现中的应用

在掌握了基本的色彩观察方法和设色原则后，下一步就要根据效果图的特点和要求，了解如何对各种受光面进行更为深入、系统的描绘。（如图58至图70）

色彩设计是设计构思的主体，但在室内设计的表现过程中色彩往往被意象化，也就是强化了色彩的倾向、色彩的感觉。在室内设计表现效果图中，不强调表现真实的设计色彩，而要以简练概括的方法体现色彩关系。在设计表现的具体操作时注意以下几点：

（1）色调的整体关系

表现对象必须确定其主色调，而其他颜色都要与主色调相协调，主色调的面积相对要大些，而次色调的颜色所占画面积要小。如果用色纸绘制可以将色纸颜色定为主色调，提高光、加暗部就能便捷地得到不错的效果。

（2）色彩对比关系

在讲究色调统一的同时也要有色彩的对比，颜色是靠对比出效果的。在设计表现中对比色的运用要慎重，一般在主要部位和精彩地方点缀一下，点缀色要有与主色既对比又呼应的关系。

（3）色彩的表现

快速表现设计用色要概括简练，一色为主，再配二三色用于点缀。用笔用色以对象特征和光影概念为依据，不要把表现对象涂满，尽量减少平涂，也不要太丰富的层次变化。高光表现既要肯定又不能生硬，暗部反光要柔和透明而不抢眼。

▶ 4.3.4 室内单体上色技巧

室内单体在上色时应注意所画物体的固有色、环境色，运用各种上色工具以固有色为基础逐一进行表现。另外要注意物体的投影的形状及颜色。

↘ 单体上色表现技巧步骤图一：植物上色步骤

植物在画面中通常起到画龙点睛的作用，所以植物的上色也尤为重要。在上色时除了要考虑植物的固有色之外，还应根据画面效果的需要确定其冷暖关系、虚实关系等。但是在单体练习时，要进行深入刻画，注意色彩的层次和马克笔的排笔。

01 绘制线稿。注意线条疏密、虚实的处理。

02 为叶子上色。选用深浅两种绿色的马克笔进行上色，着重处理叶子的明暗和虚实关系。

03 为花盆上色。选用深浅两种褐色的马克笔进行上色，注意亮部留白及马克笔笔触之间的衔接。

04 绘制影子并做整体调整。选用深色马克笔画出影子，影子的刻画要灵活，同时刻画出石子等细节，控制好整体的色彩关系。

椅子在室内效果图中属于常见的物体，对于这类常见物来说，想要达到好的效果就必须刻画得非常精彩。在上色时，首先确定出光影关系，亮部要注意留白，暗部要注意层次。其次就是处理一个可以起到点睛作用的影子，刻画影子一定要注意透气，层次要丰富，还要注意留有反光。

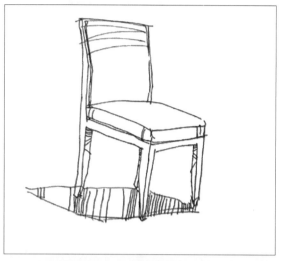

01 绘制线稿。注意线条疏密的处理，利用线条的疏密表现出物体的明暗关系。由于物体本身多由直线组成，所以线条可以适当处理成折线、颤线等多变的线条，以得到生动的效果。

02 为椅垫和靠背上色。利用马克笔线条的疏密可以表现出物体的明暗关系。注意亮部留白。

03 为椅子木质部分上色。选用深浅两种褐色的马克笔进行上色，注意亮部留白和整体明暗关系的统一。

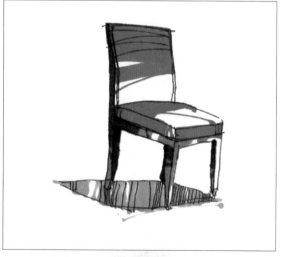

04 绘制影子和整体调整。选用深色马克笔画出影子，切忌不可全部平涂，刻画要灵活，适当留出反光。

单体的上色和整幅画的上色一样，也要有一个统一的光源，这时可以先假设一个光源，按照黑白灰关系进行绘制，这就是色彩的明暗关系，要在明暗关系合理的情况下再刻画色彩关系。同时要注意影子和反光。

01 绘制线稿。注意线条疏密、虚实的处理，要通过线条适当表现材质。

02 为主体物上色。通过色彩和线稿的结合，着重刻画材质的质感，注意留白和反光。

03 进一步刻画。选用不同明度的马克笔进一步刻画，注意控制整体色彩关系。

04 刻画细节及调整整体。对画面进行深入刻画，做到不仅整体效果好，还要有细节，经得起推敲。

陈设品在室内效果图中属于点缀的部分，因此在整幅画面大的色彩关系统一的前提下，陈设品往往选用高明度、高纯度的色彩来丰富画面，并作为画面的点睛之处。

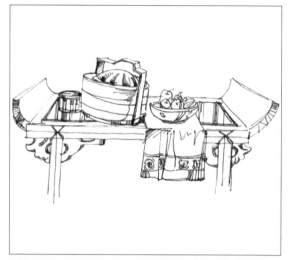

01 绘制线稿。注意利用线条的疏密表现出物体的明暗关系。

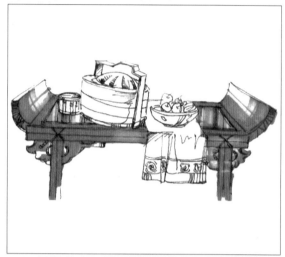

02 为亮部、灰部上色。选用褐色的马克笔进行灰部的上色，亮部留白，注意亮部和灰部之间的衔接关系。

03 为暗部上色。选用绿色和紫色的马克笔进行上色，注意暗部也要适当留出物体的固有色和反光以及马克笔笔触的排列方式。

04 绘制阴影和调整整体。选用深色马克笔画出阴影，阴影的刻画要灵活，控制好近实远虚的关系。

图58　陈设品上色

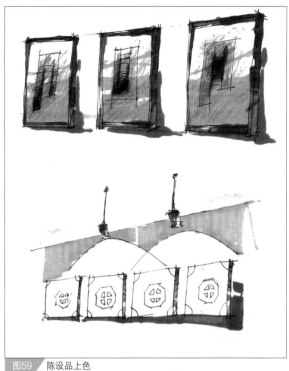

图59　陈设品上色

图60　灯具上色

图61 椅子上色

图62 电视上色

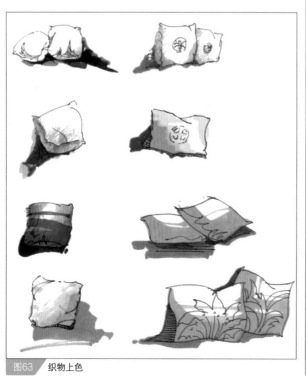

图63 织物上色

图64 沙发、茶几上色

图65 床上色

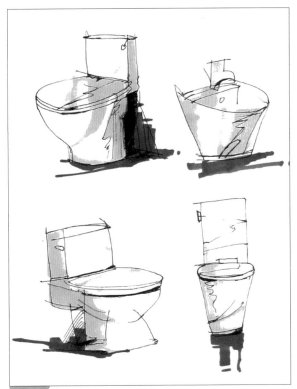

图66 洁具上色

图67 人物上色

图68 植物上色

图69 植物上色

图70 植物上色

4.4 材质表现

一张优秀的手绘效果图作品，其实就是各个单体物体手绘经过合理的搭配所产生的，每一个单体物体都是由其造型结构和外在材质表现构成的，所以说不管是对塑造每一个单体物体来说，还是整体的空间塑造来说，材质的表现都至关重要。只有把每一类材质准确又生动地表现出来，才能达到整个空间的完美表现。下面详细介绍绘制手绘效果图时常用的材质的表现技法。

▷ 4.4.1 木质材质表现

在室内设计中，木质材料是使用最多也最广泛的一种材料。木质材料能够给人一种亲和力，相对于其他的硬质材料来讲能够带给人们温暖的感觉，在施工过程中又具有易加工、使用寿命长的特点。木质材料主要用于家具的制造、界面的装饰、地面的铺装等。不同种类的木材的纹理、肌理、色泽是不一样的，所以在表现时，应明确所用木材的种类，根据其特点去进行表现，这样才能表现出木材的真实感。表现木质材料时一般用马克笔搭配钢笔线条或彩铅来表现木材的纹理和质感。（如图71）

（1）木地板

一般来说，绘制木地板是跟随木材的方向进行，地面铺装时都是大面积的使用，在绘制时要注意地面上的家具以及空间结构体对其影响，包括环境色、影子、反光等。（如图72至图73）

（2）木质家具及木质界面

木质家具和界面的绘制一方面要表现出木材的纹理和质感，另一方面还要表现出构造结构。尤其是木质界面表现时，当界面面积较大时，还应表达出虚实变化、光影变化等较复杂的色彩关系。（如图74至图76）

▷ 4.4.2 砖石材质表现

砖石类材质在室内装饰中也属于硬质材料，虽不如木质材料给人们亲切感，但由于其实用性、耐久性和丰富的视觉效果，也成为室内装饰中最常见的材料之一。如地面用的地板砖，墙面用的文化石、大理石或马赛克，装饰用的鹅卵石等，都是室内设计师钟爱的材料。在手绘表现砖石类材质时，首先要表达出砖石类材料区别于其他材料的硬度质感，然后根据不同石材的质感、色彩、造型进行表现。

（1）地砖

地砖是地面铺装最常用的材料之一，不管是家居空间，还是公共空间，抑或是室外场所，无处不见地砖的身影。不同款式的地砖，其色彩、纹理、肌理有所区别，在表现时要根据其区别表达出各自的特点。一般在表现时，可以用马克笔结合彩铅来表现，必要时用高光笔提亮点缀，同时，由于地砖的反光性较强，其受地面上物体的

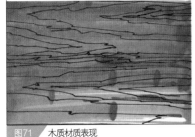

图71　木质材质表现

图72　木地板表现1

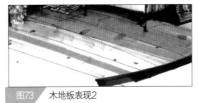

图73　木地板表现2

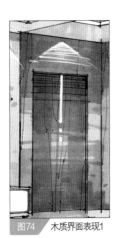

图74　木质界面表现1

图75　木质界面表现2

图76　木质界面表现3

影响较为明显，所以要特别注意环境色、反光和投影的表达，要结合地面上和墙面上的物体来表现。由于地砖的表面一般较为光滑，用笔一定要流畅利索、干净有力，这样才能表达出地砖光洁的性质。(如图77至图79)

(2)文化石、砖和碎石板

手绘表现文化石、砖和碎石等小块类石材时，要注意笔触的运用，要有明显的笔触交叉体现石材的硬度质感。文化石、砖和碎石板还要注意单元的色度变化，用笔要轻松自如、随性而画，但要注意控制大小与疏密虚

实的关系。(如图80至图82)

(3)马赛克和鹅卵石

马赛克和鹅卵石则要概括表现，注意虚实关系，大面积布色后把近处稍做明暗处理就可以了，必要时配以高光笔点缀。(如图83至图84)

▶ 4.4.3 玻璃镜面材质表现

玻璃镜面类材料在室内装饰时是必不可少的材料之一，也是体现设计现代感的材料之一。这类材质效果有透明的清玻、半透明的镀膜和不透明

的镜面玻璃。这类材料的表现难点在于其色彩、透光度、通透性以及反光和映照物的表现。

(1)玻璃

在表现透明玻璃时，要先把玻璃后面的物体刻画出来，表现玻璃的质感时可以用马克笔和彩铅相结合，要注意玻璃本身的颜色和厚度对光源透光度的影响，通透性是表现玻璃的难点。在玻璃表现时不仅要表现出其通透性，还要表现出其平滑硬朗的材质特性。(如图85至图88)

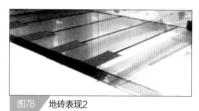
图78　地砖表现2

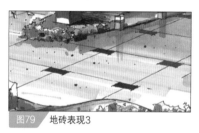
图79　地砖表现3

图77　地砖表现1

图80　文化石表现

图81　石板墙表现

图82　砖墙表现

图83　马赛克表现1

图84 马赛克表现2

图85 玻璃表现1

图87 玻璃表现3

图86 玻璃表现2

图88 玻璃表现4

（2）镜面

镜面表现时镜面的色彩主要受其照射物体的颜色和光源颜色的影响，注意镜面的反光效果，要能够表现出映射的真实感和镜面本身的材质。（如图89至图90）

▶ 4.4.4 织物材质表现

织物在室内装饰中属于软装的部分，织物的合理运用能够使空间氛围亲切自然、温馨浪漫。由于织物的色彩丰富、造型灵活，可以使室内空间变得丰富多彩。绘制时可运用轻松、活泼的笔触表现其柔软的质感，能够与其他的硬质材料形成对比。色彩方面，多采用明快的色调起到点缀与调节空间色彩的作用。

（1）靠垫、枕头

注意表现其明暗变化以及体积厚度，只有有了厚度，才能画出物体的体积感。色彩要根据空间设计时的色彩设计来处理。（如图91至图92）

（2）地毯

地毯的面积较大，在表现时要考虑到其对整个空间的影响，地毯的色彩、线条的疏密等处理要充分考虑其处于整幅画面的位置。另外，地毯虽然平面面积较大，但也不能忽略其厚度，不同材料的地毯厚度不同，要根据地毯的材料来表现，必要时要结合高光笔的使用。同时要注意地毯上面物体在地毯上的投影，注意投影的虚实变化。（如图93至图96）

图89　镜面表现1

图90　镜面表现2

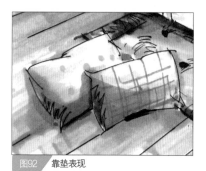

图92　靠垫表现

图91　枕头表现

图93　地毯表现1

图94　地毯表现2

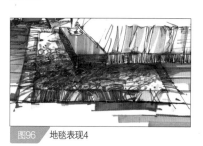

图96　地毯表现4

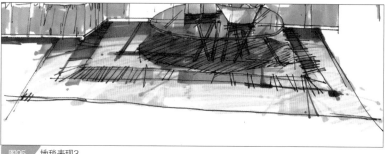

图95　地毯表现3

▷ 4.4.5 光的表现

光是室内设计中不可或缺的元素，没有光，任何的造型、色彩都没有意义。在室内设计中，光分为两类：一类是自然光，一类是人工光。不管是哪种光，我们人眼所感受到的色彩都是由物体的固有色和光源色两部分综合所产生的。

自然光对室内色彩的影响不大，在自然光下，室内色彩基本显现其固有色，在表现日光时，主要是表现物

体的暗部色彩和物体的投影。另外还要注意色温的不同产生的色彩冷暖关系的区别。

人工光源在室内装饰设计中一般有筒灯、射灯、灯带、台灯、吊灯等。灯带的表现是从浅到深晕染，注意每遍叠加色彩的反差不要太大，要自然。表现筒灯、射灯和台灯等集聚型光源的灯光时，一般留出光照的轮廓，轮廓外用重色表现将该轮廓衬托出来，在留出的轮廓区域可以留白，也可以晕染光源色。（如图 97 至图 100）

▷ 4.4.6 水的表现

水的形态多种多样，有静水、流水、喷泉等，还有水中倒影。一般来说，静水面处理起来稍微容易些，常常用概括的笔法，画出水的大致轮廓结构，采用不同明度的蓝色结合留白来处理。水中倒影的颜色一般采用和物体的色相一致的加重和加灰的颜色来绘制。流水和喷泉要结合高光笔来表现。（如

图 101 至图 104）

▷ 4.4.7 影子的表现

在手绘的稿子中，只要有物体存在于空间中就一定会有影子，所以影子的画法也不容小觑。由于空间中每个物体都存在影子，所以，在一幅图中影子的数量很多，那么就需要多种影子的处理手法，将影子绘制得灵活多变。

一般我们处理影子会有两种手法。一种是有形的影子，有形的影子也就是物体的影子有明确的外形轮廓线，在明确的轮廓线里面再处理其本身的虚实关系。这种手法通常适用于一些形体轮廓规整的物体，如椅子、沙发、桌子等，在绘制这类影子时，影子基本是一块被拉伸的四边形，处理时一般从一个角到另一个角或一边到另一边的虚实过渡、深浅过渡，并配以有韵律的排线，以增加画面层次。（如图 105 至图 108）

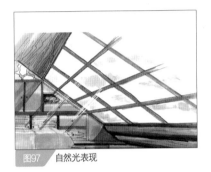
图97　自然光表现

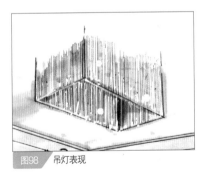
图98　吊灯表现

图99　吊灯表现

图100　射灯表现图

图101　静水面表现1

图102　静水面表现2

图104　流水表现2

图103　流水表现1

图105　有形的影子表现1

图106　有形的影子表现2

图107　有形的影子表现3

图108　有形的影子表现4

另一种是无形的影子，无形的影子是物体的影子没有那么明确的外形轮廓线，只是在物体的影子部位将这部分的颜色加深，通常用不规则的笔触处理，处理的重点在于笔触的灵活和与周围的衔接。（如图109至图112）

4.4.8 反光的表现

几乎所有的材质都具备反光特性。玻璃、镜面等材质通常具有非常明显的反光；地砖、木地板等材质的反光较自然；乳胶漆墙面的反光较弱。当然，地毯、织物等材质一般不反光。

反光的绘制重点一方面表现其真实性的存在，另一方面也可以增加画面的层次，使画面层次更加丰富细腻。一般来说，"物体＋投影＋反光"才算是对一个物体完整的表现。反光的用笔方面，钢笔线稿为水平排线，也可按照物体的轮廓线画。马克笔上色则为垂直或水平的笔触，一般用该区域相同的颜色或同色系稍深的颜色上色。上色时切忌不可画死、画闷，要注意笔触的灵活和层次的多变，在同一幅画面中，各个物体的反光的处理手法尽可能地多变。（如图113至图116）

图109　无形的影子表现1

图110　无形的影子表现2

图111　无形的影子表现3

图112　无形的影子表现4

图113　反光的表现1

图114　反光的表现2

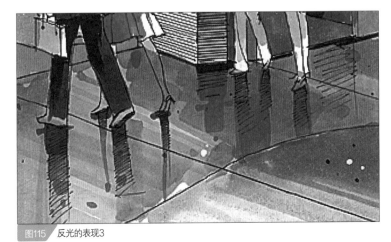
图115　反光的表现3

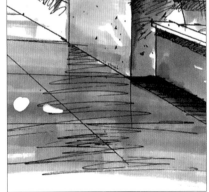
图116　反光的表现4

4.5 平面图表现基础

手绘平面图是指用手绘的方法绘制平面布置图，为平面图上色，使设计方案的表达更加直观生动。

▷ 4.5.1 手绘平面图的特征

（1）快速表现；

（2）对设计方案的表达生动、灵活；

（3）对家具、地面、植物等物体的展示更加直观；

（4）能够更加清楚地阐述设计内容。

▷ 4.5.2 手绘平面图的要求

（1）符合专业制图的规范。图线、比例、标注、索引符号等都要按要求标准绘制；

（2）线条要流畅、有力；

（3）通过线条和色彩能够很好地表现出材料的质感；

（4）画面整体效果统一，设计内容交代完整、清晰。（如图117至图120）

▷ 4.5.3 平面图手绘表现的技法

平面图在手绘表现上常用的方法是用马克笔和彩铅上色，这是两种最为常见的工具。在上色时，可以只用其中一种，也可以两种结合使用，这可以根据需要或作画习惯而定。表现时要保留设计方案中不同材料的固有色彩，而不是想当然地去选颜色；要做到结合形体用笔，有根据地选择颜色。（如图121至图124）

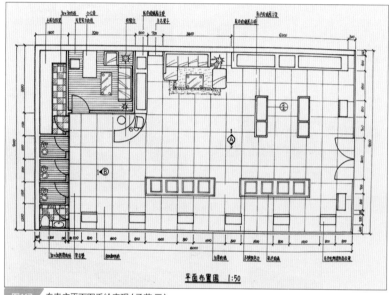

图117　专卖店平面图手绘表现（孟莎 画）

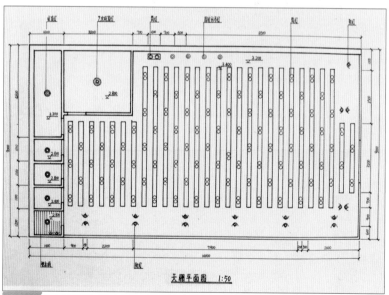

图118　专卖店天棚图手绘表现（孟莎 画）

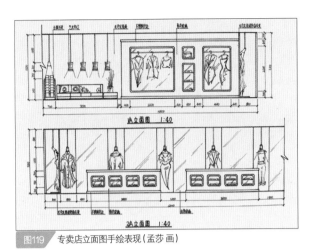

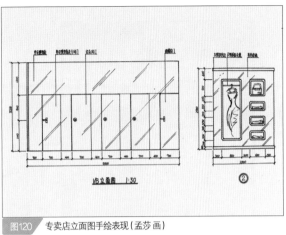

图119 专卖店立面图手绘表现（孟莎 画）

图120 专卖店立面图手绘表现（孟莎 画）

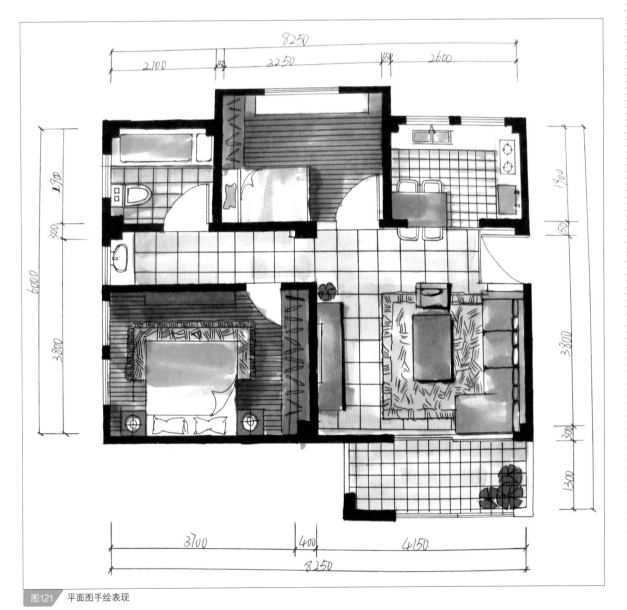

图121 平面图手绘表现

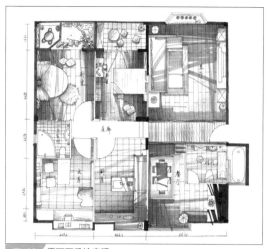

图122 平面图手绘表现

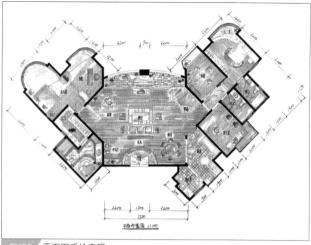

图123 平面图手绘表现

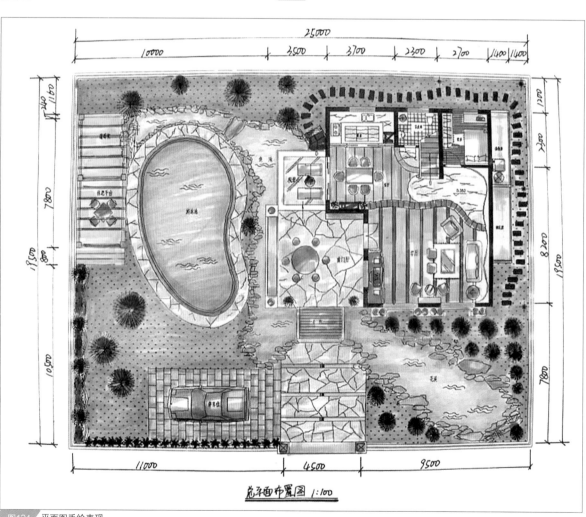

图124 平面图手绘表现

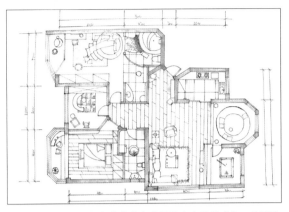

01 绘制线稿。在完整准确表达设计内容的基础上,着重处理线条的力度和疏密关系。

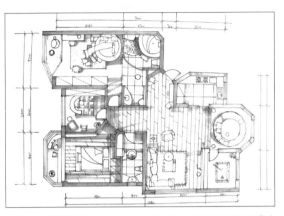

02 按照地板的明暗关系,先用灰色马克笔铺出地板的背光部分。

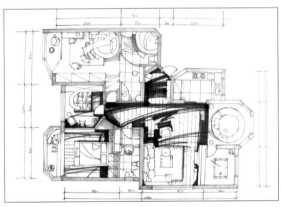

03 选用褐色马克笔表现地板材质,同时奠定整幅画面的色调。

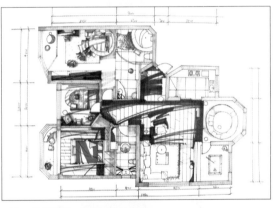

04 绘制家具。绘制时笔法要统一。

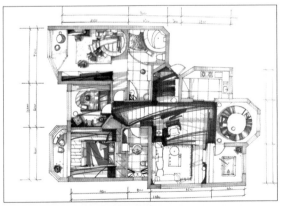

05 进一步完成画面的绘制,注意把握整幅画面的韵律、动势。

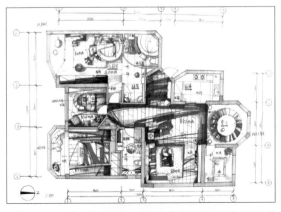

06 补充细节,按照整体—局部—整体的作图思路对画面进行整体调整。

在运用手绘的方法进行平面图的绘制时，要注意几个方面。第一，线稿绘制时一定要按照制图标准进行绘制；第二，色彩要统一；第三，在平面上要想把材质表现得很充分比较困难，所以在上色时要特别注意马克笔颜色的选择和笔触的处理，在需要的地方，还应用彩铅来进行补充。

平面图上色步骤

这是一张三室两厅、一厨一卫户型的手绘平面图。该户型比较特殊，位于楼层拐角处，所以在设计时选用带有曲线造型的沙发以配合空间结构。阳台和客厅之间没有做任何隔断，以增大空间视觉感受，并在阳台设置吧台和景观，充分利用空间并增加空间情调。

手绘时采用整体概括统一、局部深入刻画的手法来充分表现空间。具体绘制步骤下面做详细介绍。

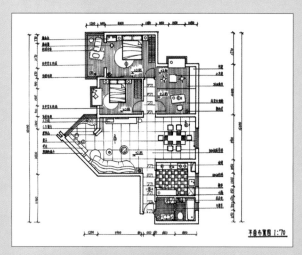

01 按照专业制图规范绘制平面布置图，注意线宽、标注、索引符号等要符合规范。画面尽量工整、干净，通过线条对材质进行初步的表现。

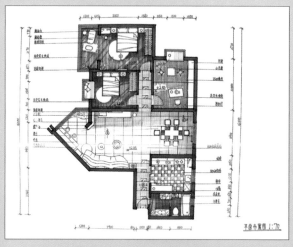

02 用马克笔表现墙体、门窗、地板等，铺整体色调，注意色块要整体，色彩要统一，奠定整幅画的色调。

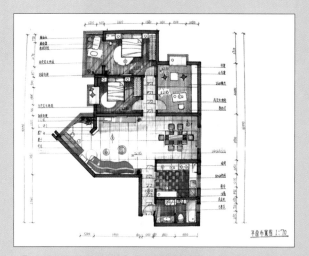

03 绘制家具、陈设等，进一步刻画材质。

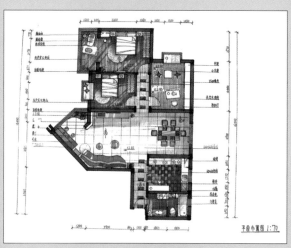

04 深入刻画细节，调整整幅画面关系。

立面图上色步骤一

这是一张沙发背景墙的立面手绘图,就立面图来说,手绘表现应该简洁、概括。从结构表现方面来说,要能够准确、充分地表现出设计内容。从手绘角度来看,应采用概括的线条和色彩进行绘制。下面对画图步骤进行简单的介绍。

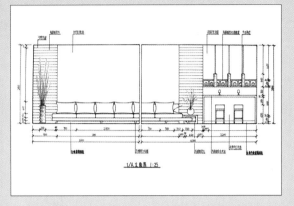

01 按照专业制图规范绘制立面布置图。投影关系要正确,设计内容要交代完整。

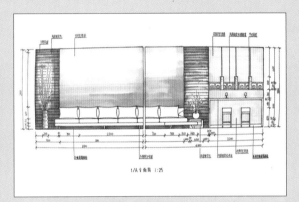

02 为墙体上色,确定整体色调。

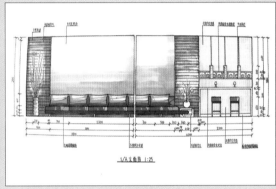

03 为家具上色,注意色彩要统一。

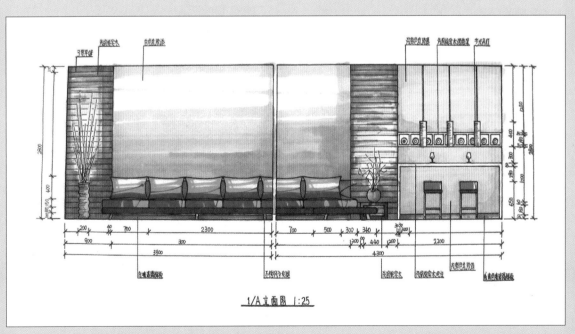

04 为陈设品上色,并深入刻画细节,调整整幅画面关系。

这是一张电视背景墙的立面手绘图，绘制得非常到位，尤其是对于背景墙壁纸材质的表现。壁纸的表现是手绘中的一个难点，下面对画图步骤进行简单的介绍。

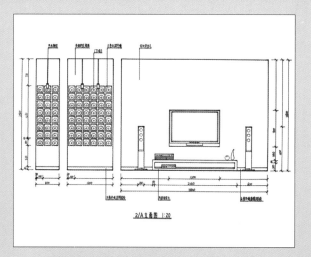

01 按照专业制图规范绘制立面布置图。投影关系正确，设计内容要交代完整。

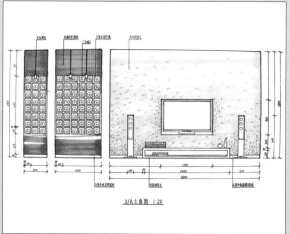

02 为墙体上色，确定整体色调。注意色彩冷暖关系要统一。

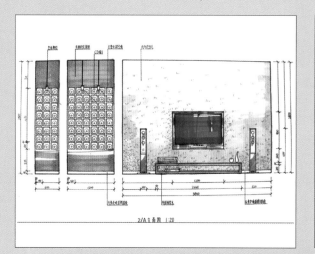

03 为家具上色，深入刻画墙体，注意色彩要统一，层次要丰富。

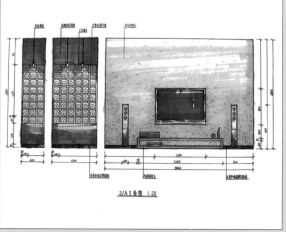

04 为陈设品上色，并深入刻画细节，调整整幅画面关系。

设计点评

这是几张平面图手绘表现的作品，不管是从布局设计角度，还是手绘绘制的角度来讲，都是比较优秀的作品，非常适合初学者学习借鉴。下面具体对这几幅作品进行详细的点评。

平面手绘表现图

右图是一个小户型的设计，户型方正，结构紧凑。在设计时动静分区合理，空间利用充分。（如图125）

从手绘角度来看，这幅画空间表达清晰，家具结构表达准确，材质表达到位，整体刻画较深入。色彩搭配、笔触等方面都值得学习。

图125　小户型平面手绘表现

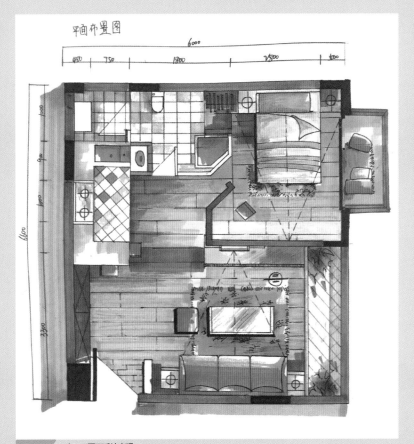

图126　一室一厅平面手绘表现

左图是一个一室一厅、一厨一卫的户型，该户型设计合理，大面积的阳台和飘窗增加了居住的舒适度。（如图126）

从手绘角度来看，表现细致，整体色调统一，在材质的处理上很到位。家具刻画细致深入，地面整体概括，形成鲜明的对比。主体物选用高纯度、高明度的彩色系，衬景物低调，也起到了对比的效果。不足之处在于用色需要再讲究一些，颜色的选择需要再高级一些。

下图是一个四室两厅、一厨两卫、双阳台的经典户型，南北通透，布局简洁大方。（如图 127）

从手绘角度来看，这幅画刻画得比较精简，属于稍快速表现。优点在于作者对画面进行了大胆的概括，尤其是卫生间和厨房，基本是单色表现。不足之处在于刻画手法稍显单薄。

下图是一个四室两厅、一厨两卫的大户型，南北通透，布局简洁大方，是大户型中的经典户型（如图 128）。从手绘角度来看，表现比较到位，尤其在材质的刻画上，地砖和木地板都表现得很充分，也很整体。家具采用明度、纯度都较高的颜色绘制，可以起到突出的作用。两个卫生间和厨房的绘制非常简洁，与主要空间形成鲜明对比。不足之处在于马克笔的排笔过于雷同，缺少变化。

图127　四室两厅平面手绘表现

图129　立面图手绘表现

立面手绘表现图

这几张图是一套家居空间立面效果图中的几张，方案设计合理，下面就手绘表现方面进行点评。（如图 129 至图 131）

线稿绘制到位，设计结构表达清晰，能够表达出材质的质感。在上色的过程中，如果颜色覆盖住了重要的线条，可以在上色的同时再添加墨线，以起到强调的作用。马克笔上色也较到位。不足之处在于笔触的排列过于生硬，应在这方面多加练习。

图131　立面图手绘表现

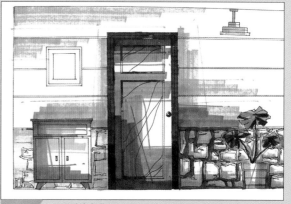

图130　立面图手绘表现

内容

单体线稿练习（如图 132 至图 137）室内单体线稿练习。

要求

1. 灯具、陈设品、桌椅、沙发、床体组合、卫生洁具、植物等每类绘制 10 至 20 个。
2. 透视正确，形体准确，结构交代清楚。
3. 线条干净、利索、流畅。注意起笔和落笔的技法处理。

工具：钢笔、中性笔等硬质笔

纸张：A4 复印纸

图132　练习稿(王晨画)

图133　练习稿(尚彩云画)

图134　练习稿(张蓓蓓画)

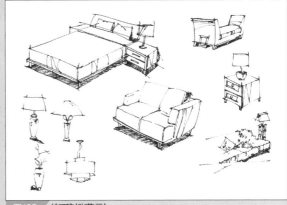

图135　练习稿(张萌画)

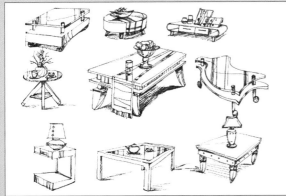

图136　练习稿(张萌画)

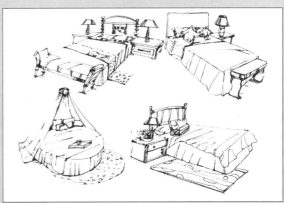

图136　练习稿(张萌画)

内容

单体上色练习（如图 138 至图 141）室内单体上色练习。

要求

1. 为前面练习的单体线稿（灯具、陈设品、桌椅、沙发、床体组合、卫生洁具、植物等）上色。
2. 注意马克笔和彩铅排线的规律及变化。
3. 色彩要和线条结合起来表现物体的质感。
4. 注意色彩的搭配及对比。

工具：彩铅、马克笔等

纸张：A4 复印纸

图138 上色练习稿(孟莎画)

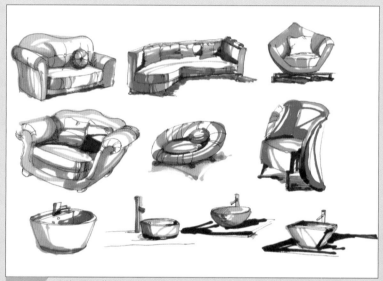

图139 上色练习稿(孟莎画)

图140 上色练习稿(张萌画)

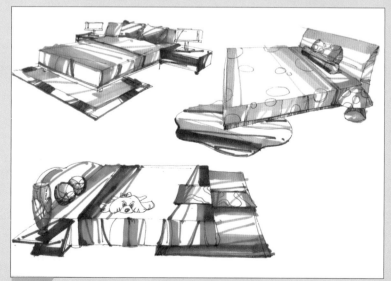

图141 上色练习稿(张萌画)

室内
手绘效果图表现技法

第**5**章

课题概述

本章主要介绍线描、彩铅、水彩等表现方法，不同的方法之间具有很强的联系，相互影响。这些表现技法的共通之处，就是都要表现出空间关系、色彩关系和材质属性等细节要素。

教学目标

学习运用线描、彩铅、水彩、水粉、马克笔、综合工具的表现方法，以及每一种表现方法的画面效果和作画步骤等，了解不同方法之间的异同点，找到两三种适合自己的表现方法。

章节重点

使用铅笔、钢笔、水彩、马克笔、彩铅等工具作画。每种工具的特性以及表现技法是我们学习的重点。每一种工具的表现能力不同，如何熟练掌握这些工具并熟练地画出彩色效果图也是学习的要点。

5.1 线描表现

线描表现是指用铅笔、钢笔等工具进行室内空间的表现，主要特点是只用一种颜色进行空间的手绘表现。根据使用工具，线描大致分为用尺规和不用尺规徒手表现两种；根据画面效果，线描又可以分为用线表现和线面结合两种。如果你的线描表现能力比较强，用素色就能描绘出很好的空间效果和光影效果，可以为进一步地画好彩色手绘效果图打好基础。

5.1.1 线描表现的工具

线描表现所使用的工具有很多种，包括铅笔、钢笔、针管笔、水笔等硬质笔，以及三角尺、直尺、曲线板等辅助工具。由于使用的工具不同，因此绘制的线条也各具特色。铅笔绘制的线有虚实、深浅的变化，钢笔的线在虚实、粗细、深浅、浓淡的变化上就不及铅笔表现来得轻松。

5.1.2 线描表现的分类及特点

一般我们把线描分为工具线和徒手线两种。工具线就是利用辅助工具严谨、规则、准确地表现空间透视、比例和结构等。

徒手线则依赖绘图者严谨的空间透视能力和熟练的手头表现能力来完成绘制。徒手线因为快速随意，不像工具线那样平滑、工整、硬朗，在线的表现上会有些抖动，所以表现效果就显得比较生动。徒手线可以表现设计师瞬间的设计构思，并且把设计理念的变化随时表现其中。我们在练习徒手线的时候，应该随心所欲、无所顾忌，使线条更加轻松生动。（如图1至图3）

5.1.3 线描表现的技法

（1）用线的自如性和线条的张力，尤其是徒手线，用线要连贯，肯定，灵活且富有变化。忌断、散、呆板和生硬。

（2）要有准确的透视理念对整个画面的透视的感觉，脑子里要有概念，要掌握空间透视的基本原理，这样画

图1　线描表现（张智飞 画）

图2　线描表现（张智飞 画）

面表现才有生命、有主题。

（3）线描画中要表现好明暗和光影，线描技法塑造的就是空间结构，充分表现空间物体的明暗和光影，才能增加画面中空间的力量感和层次感。

5.1.4 线描表现的步骤

线描表现其实是透视知识构图能力、用线能力等技能的综合表现，尤其是徒手线描表现更是对绘图综合能力的挑战。下面结合详细的作图步骤，就线描表现给以详细的展示。

图3 线描表现（张智飞 画）

线描表现步骤

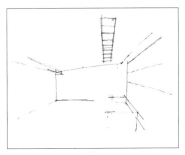

01 通过房间的主要结构线确定整体的透视关系。

02 按照从前往后的顺序绘制出室内的主体物。

03 进一步绘制室内的物品、墙体及地面。

04 进行深入刻画，着重表现画面的素描关系并刻画物体的材质，最后从整体的角度调整画面。

5.2 彩铅表现

彩铅表现是指在用铅笔、钢笔等手绘工具画好线稿后，用彩铅进行色彩表现。彩铅通常分为水溶性和非水溶性两种。彩铅表现灵活、便于修改，上色时好把握，可以创作出十分精细的画面效果。彩铅最擅长表现较小的物体，若是在作画过程中出现错误，也可直接用橡皮擦去，再重新进行上色表现。

5.2.1 彩铅的特征

彩铅分水溶性和非水溶性。水溶性彩铅画在图纸上后，用水溶解成水彩效果颜料，或用马克笔进行混色处理。用非水溶性彩铅绘图时不需用水调节，运笔方便，易于控制，是简便实用的快速表现工具。彩铅具有以下几个特征：

（1）有一定的覆盖性，深颜色可以覆盖浅颜色。

（2）色泽柔和，铅芯较软，不仅适用于严谨的画法，也适用于轻松的画法。

（3）不同的笔尖形状、不同的用笔力量和不同的握笔方式都能影响线条的表现。方形笔尖可以用来涂抹大面积底色，而用它的边棱又可画出清晰的线条。用笔力量大，色彩饱和度就高；用笔力量小，色彩饱和度也就相应地降低。

5.2.2 彩铅表现的特点

彩铅是快速表现工具中最方便、最简易、最好掌握的一种技法。运用

范围广，效果好。尤其是在方案草图阶段时，它所发挥的作用是其他工具所不能替代的（如图4至图6）。彩铅表现具体有以下几个特点：

（1）彩铅色彩层次细腻，易于表现丰富的空间轮廓。

（2）色块一般用密排的彩铅线画出，利用色块的重叠可以产生更多的色彩，也可以笔的侧锋在纸面平涂。

（3）彩铅快速表现图用色简单，轻松、洒脱的线条即可说明设计中的用材、色调与空间形态。

5.2.3 彩铅表现技法

彩铅不宜大面积使用单色，否则画面会显得呆板、平淡。在实际绘制过程中，彩铅往往与其他工具配合使用。如与钢笔线条结合，可以利用钢笔线条勾画空间轮廓、物体轮廓，运用彩铅着色；与马克笔结合，运用马克笔铺设画面大色调，再用彩铅叠彩深入刻画；与水彩结合，可以体现色彩的退晕效果。

彩铅有其特有的笔触，线条感强，可徒手绘制，也可利用直尺排线，绘

制时注重虚实关系的处理和线条美感的体现。

彩铅的绘画用纸可以选择有一定厚度的纸板，因为后期可以用砂纸和小刀刮出细小亮部。另外一种材料就是半透明纸，例如硫酸纸，这种纸比较适合快速绘画表现。

用彩铅表现时应由浅至深，逐层刻画，充分展示彩铅刻画细腻、层次丰富、表现充分的特点。

图6　彩铅表现

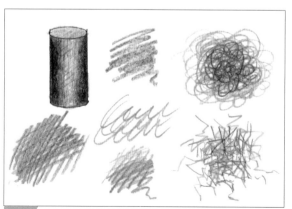

图4　彩铅用笔

图5　彩铅表现(陈红卫画)

▶ 5.2.4 彩铅表现步骤

大部分绘图者在学习手绘效果图

以前就接触过彩铅，甚至能够非常熟练地运用彩铅进行绘画。但绘制手绘效果图时，彩铅的运用和绘制一般绘

画作品还存在很大的不同。下面结合详细的作图步骤给以详细的展示。

↘ 彩铅表现步骤

01 绘制线稿。这时要考虑到是用彩铅上色的，因此线条的处理要为彩铅上色做好准备。

02 为主体物上第一层色，主要确定色相和整体明暗关系。

03 进一步刻画主体物，同时刻画周围环境。注意色彩、手法要统一。

04 整体进行绘制，使画面基本完整。同时调整整体画面色彩。

05 刻画细节，从整体角度调整明暗关系、色彩关系。可以用少许马克笔笔触整合画面，以达到更好的画面效果。

5.3 水彩表现

在效果图表现中，水彩是用得最多的，因为绘制时的方法较为多样。比较常见的就是先薄后厚的方法，即用薄颜色先画一遍，然后再用厚颜色去画一遍，最后整体调整。

5.3.1 水彩的特性

水彩颜料具有以下几个特征：

（1）具有一定透明度，能透出色。

（2）水彩颜料的颗粒较细，色泽好。

（3）可以用水去修改，然后待纸半干或全干后再上色。画面上需要的颜色可以用纯度较高的颜色调和得到。

水彩颜料也存在弊端。水彩色干湿变化很大，这点很难控制。对于干湿变化的控制，需要作画者经过长时间的练习去慢慢掌握。

5.3.2 水彩表现技法

（1）基础技法

渲染是水彩表现的基本技法，包括以下几种技法：

a. 平涂法：指调配好一种色料大面积均匀着色的绘制技法。一般用于表现受光均匀的平面，如面积较大的地面、浅色墙面等。与钢笔画结合时，如线描淡彩，也多用于平涂法。绘制时要注意水分的控制，运笔速度快慢一致，用力均匀。

b. 叠加法：在平涂的基础上按照明暗光影的变化规律，重叠不同色彩的技法。为了使画面达到要求的色彩，叠加法在水彩中的应用非常广泛。例如，圆体等曲面细致、工整，需要事先将画面明暗光影分成条状，用同一浓度的墨水平涂，然后分格逐层进行叠加，最终达到理想的效果。在这里要特别注意对叠加次数的适度把握，考虑到叠加深色后的效果。层次过多，会使颜色灰暗。

c. 退晕法：通过在调配水彩颜料时对水分的控制，达到色彩渐变效果的技法。关键是要掌握均匀地变化色彩深浅的方法。一般用于表现受光强度不均匀的直面或曲面，或面积较大的地方，如天空、地面、水面的远近变化以及屋顶、墙面的光影变化。

（2）方法与技巧

由于水彩颜料不具有太强的覆盖力，故水彩效果图上色的原则一般是先浅后深，由远及近，亮部与高光要预先留出。大面积部位的调色宜多不宜少，因为每次调色时都会有色差。

在实践中，我们可以先用大号水彩画笔大面积地涂一层色调（留出某些高光或反光面），待颜料干后再画面积较大的天顶、墙或地面，这样色调较易统一。在色调统一的基础上，有些面与物体需要多次反复渲染才能达到预期效果（要注意避免反差过大的颜色多次重叠而使画面变脏）。而有些部位则可以不上色，留出大面积的空白以配合构图。（如图7至图8）

图7　水彩表现（白雅洁 画）

图8　水彩表现（任远 画）

▷ 5.3.3 水彩表现步骤

用水彩表现效果图时，一般会预留出亮部和高光，然后由浅至深逐层上色。上色过程中一般先画暗部，然后灰部，最后刻画亮部。要注意笔触的衔接和形状。

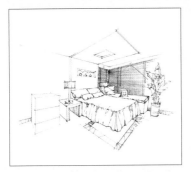

01 绘制线稿。注意一定要等线稿完全干透再进行上色，否则墨线遇水会晕开，弄脏画面。

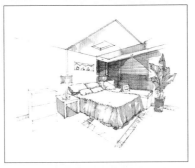

02 为主体物上色，确定主体物的色调。

03 进一步刻画主体物，注意从暗部和阴影画起。周围环境要同步刻画，以达到统一的效果。可以一步到位的颜色尽量一步到位，环境色同时刻画。

04 刻画灰部和亮部，注意预留空白以丰富画面层次。

05 刻画细节，从整体角度调整明暗关系、色彩关系。

5.4 水粉表现

水粉效果图是一种花费时间较长的效果图。用水粉可以将物体表现得十分逼真，有时甚至接近照片效果。用水粉画出的效果图表现到位，说明性很强。水粉颜色容易覆盖，因此易于掌握，是一种用于长期表现的手绘表现方法。(如图9至图12)

▶ 5.4.1 水粉的特性

水粉颜料以水作为媒介，在这一点上，它与水彩颜料是相同的。

水粉具有以下特征：

（1）可以画出水彩画一样酣畅淋漓的效果。

（2）有很强的覆盖能力，这点和油画相似。但油画是以油来调和颜料，颜色的干湿几乎没有变化。而水粉则不然，由于水粉画是以水加水粉的形式来表现的，所以干湿变化很大。

水粉的表现力介于油画和水彩画之间，而表现特点也介于不透明和半透明之间。如果在有颜色的底子上覆盖或叠加其他颜色，那么这个过程实际上是一个加法，底层的色彩多少都会对表层的颜色产生影响，这也是较难掌握的地方。但是，有经验的画家往往就是利用它的这种特性来传达水粉色彩自身的、特有的艺术魅力。

▶ 5.4.2 水粉表现的特点

水粉表现具体有以下特点：

（1）色彩饱和、浑厚，表现力强。

（2）明暗层次丰富，且能层层覆盖，便于修改，能深入地塑造空间形象，逼真地表现对象，获得理想的画面效果。

（3）水粉薄涂还有轻快透明的效果。调色时要加入较多的水分，宜表现远景和暗景。

但是水粉表现的缺点是深入表现比较花时间，而且在逼真度与精细度方面不如电脑绘图有优势，即所谓"费时费力"。因此当电脑绘图技术在设计界广泛普及之后，单纯的水粉表现技法已经渐渐退出了室内设计表现的主力阵容。即使仍然有手绘表现的作品用到水粉技法，也是与水彩、喷绘等技法混合使用。

▶ 5.4.3 水粉表现的技法

（1）水粉表现的画法

室内效果图水粉表现中用到较多的画法有干、湿画法和界尺法三种。

a. 湿画法：在第一层水粉未干时接着画第二层、第三层。特点是笔与笔之间衔接柔和、自然，没有明显的笔触，不同的色块融合成一片，变化细腻，适于表现光滑、细致的物体和变化微妙的体面关系，例如玻璃和天空的表现。

b. 干画法：在已干的水粉层上接着画第二层、第三层。特点是笔触明显，画面效果强烈强调物体的结构及转折变化，例如墙面、地面及配景的表现。

c. 界尺法：将界尺作为辅助工具的方法，特点是快速准确，是一种很实用的技法。

（2）水粉表现的用笔技法

a. 平涂法：调色至饱和状态，从上到下或从左到右依次均匀平涂。

b. 退晕法：先调出要退晕的色彩，以一色平涂逐渐加入另一种色，使色块自然过渡。

c. 笔触法：调出含水分相对较少的色彩，用弹性较好的笔（有时可用油画笔）画出具有方向性的笔触。由于每张效果图表达的景物及气氛不一样，在制作时不可能按一个程序来操作，这就要求我们应根据画面要求，来灵活地运用水粉技巧。

（3）水粉技法的作图过程

水粉技法的作图过程一般包括：定基调、铺底色、分层次、作体积、细刻画、求统一、画配景、托主体这样几个方面。

由于水粉色的不透明性及遮盖性，上色时可以先画深色，后画浅色。水粉颜料的浅色中往往含粉量较多，较宜多次覆盖。不过，尽管水粉色遮盖力好，但落笔不宜轻率，能一次完成就不要反复修改。因为多次反复涂改会破坏画面的色彩效果，出现脏或灰的现象。

另外，水粉画还有一个特点要注意，就是水粉颜色的深浅存在着干湿变化较大的现象，因此上色时要做到心中有数。

图9　水粉表现

图10　水粉表现

图11　水粉表现

图12　水粉表现

5.5 马克笔表现

马克笔表现是指用马克笔作为上色的工具，去表现空间的结构、室内的色彩及光影效果。马克笔绘图是在钢笔线条技法的基础上，进一步研究线条的组合与色彩配置规律的绘画。通过线、面结合可达到理想的绘画效果。(如图 13 至图 16)

▷ 5.5.1 马克笔的特性

马克笔的色彩种类较多，通常多达上百种，且色彩的分布按照常用的频度分成几个系列，使用非常方便。它的笔尖一般有粗细多种，还可以根据笔尖的不同角度画出粗细不同的线条来。

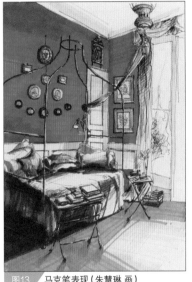

图13 马克笔表现（朱慧琳 画）

图14 马克笔表现（申心如 画）

图15 马克笔表现（孟莎 画）

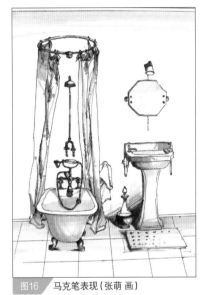

图16 马克笔表现（张萌 画）

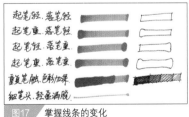

图17 掌握线条的变化

图18 根据结构用笔

▷ 5.5.2 马克笔表现的特点

马克笔绘画具有以下特点：
（1）色彩丰富，着色简便。
（2）风格豪放。
（3）绘制快速，修改方便。

熟练使用马克笔技法，能快速、简便地表现出设计意图。马克笔以其迅速成图的特性，受到设计师的普遍喜爱。

▷ 5.5.3 马克笔的笔法

运用马克笔作图时，其笔法非常灵活，马克笔的笔尖可画细线，斜画可画粗线，类似美工笔的用法，而且可以利用笔尖接触纸张的时间长短来控制色块的变化，可以产生丰富多变的效果。具体说来有以下几个方面：

（1）掌握线条的变化

马克笔用笔的力度决定线条的效果，由于用笔力度不同，马克笔笔尖与纸张的接触力度、接触时间不同，纸张吸收颜色的多少就不同。力度大、时间长，纸张吸色较多，颜色重；力度小、时间短，纸张吸色较少，颜色浅。在绘制过程中，可根据画面需要自由控制用笔力度，达到线条的丰富变化。另外，用笔力度也和作画纸张有关，比如素描纸质地稀疏，相对来说其吸水性较强。(如图 17)

（2）根据结构用笔

马克笔上色时，有些地方可以根据物体的结构用笔，根据物体的形态结构，转折多变，灵活用笔。这时注意用笔的速度、力度、方向等要和物体的材质相吻合。(如图 18)

（3）排线

排线是马克笔表现中的特色笔法，也是在绘制时使用较多的笔法，也较难掌握。运用排线绘制时要注意，下笔要果断，行笔要流畅，起笔、行笔、落笔的力度要均匀。

不同形状的轮廓线要有不同方向的排线。若高和宽的长度大致一致时，则横向排线和竖向排线均可；若高远长于宽时，则横向排线；若宽远长于高时，则竖向排线。

排线时要注意笔触的间距，间距要基本均匀，但不能平均，要有细微的变化。还要注意横向的排线要水平，竖向的排线要垂直，线与线之间基本平行，但又不完全平行，注意过渡均匀，每条线倾斜的角度略有不同，使整个排线看起来灵活且有变化。排线行笔较快时，会形成连笔折线的效果，此时应注意边界线，不要距边界线过

远。（如图 19）

（4）叠加

马克笔笔触的叠加可以用明显的笔触变化来丰富画面的层次和效果。叠加时一般作垂直交叉的组合，要注意交叉叠加时要等第一遍完全干透再叠加，这样可以留出清晰的笔触，否则两遍笔触会融合在一起，失去清晰的笔触轮廓，达不到理想的效果。

同时还要注意，叠加时由深色往浅色上叠加，否则浅色会稀释深色而使画面变脏。同一只马克笔每叠加一层，色彩就会加重一级，这样一只马克笔就可以画出三四种同色但不同明度的颜色。应尽量避免不同色系的颜色做大面积的叠加，如暖色和冷色、对比色、互补色之间的叠加等等，否则颜色会脏。（如图 20）

（5）不规则笔法

一幅画如果全是直线笔触，那么画面就会显得呆板、僵硬，这就需要一些灵活多变的笔触使画面丰富起来。不规则的笔触多用于植物、树木、陈设品、织物等表现，有时刻画一些毛面质感（如地毯）的明暗过渡也会用到。

这些不规则笔触在画面中使用较多，比如循环叠加笔触、点状笔触等等，使用这种笔法时要注意灵活多变，不要拘于一个方向用笔，它们往往能带来意想不到的效果。（如图 21）

5.5.4 马克笔表现技法

用马克笔绘制室内表现图时，通常先用绘图笔（针管笔）勾勒好室内表现图的主要场景和配景物，然后用马克笔上色。

油性马克笔的色层与墨线互不遮掩，而且色块对比强烈，具有很强的形式感。要均匀地涂出色块，必须要快速、均匀地运笔；要画出清晰的边线，可用胶片等作局部的遮挡；要画出色彩渐变的退晕效果，可以采用无色的马克笔作退晕处理。此外，马克笔的色彩还可以用橡皮擦、刀片刮等方法做出各种特殊的效果，或与其他的绘画技法共同使用。例如用水彩或水粉画大面积的天空、地面和墙面，然后用马克笔刻画细部或点缀景物，以扬长避短、相得益彰。

马克笔的运笔排线与铅笔画一样，也分徒手与使用工具两类，应根据不同场景与物体的形态、质地、表现风格来选用。因马克笔的色彩较为透明，通过笔触间的叠加可产生丰富的色彩变化，而色彩的叠加则会弄脏画面。故马克笔上色后不宜过多修改，一般着色顺序应先浅后深，上色时不用将色铺满画面，有重点地进行局部刻画，画面会显得更为轻快、生动。（如图 22 至图 25）

5.5.5 马克笔表现步骤

运用马克笔进行手绘表现时，除按照一般的绘图顺序进行绘制外，还应特别注意对马克笔颜色的选用，要选用同一色相、类似纯度、不同明度的 2 到 3 支笔绘制同一部位，这样才可以在统一的色彩关系中表现出丰富的明暗关系。

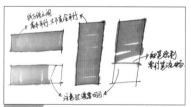

图19 排线

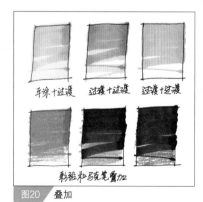

图20 叠加

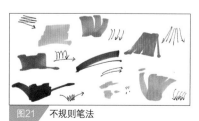

图21 不规则笔法

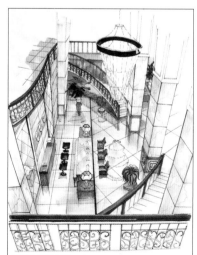

图22 马克笔表现（李静茹 画）

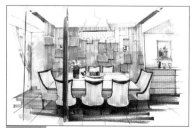

图23 马克笔表现（李静茹 画）

图24　马克笔表现（李静茹 画）　　　　图25　马克笔表现（李静茹 画）

↘ 马克笔表现步骤

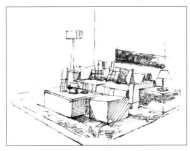

(01) 用钢笔或水笔画出空间关系、明暗关系及墙体、家具，包括室内物体的受光情况。

(02) 找到物体的固有颜色，用马克笔概括地画出该效果图视觉中心位置的颜色。

(03) 用马克笔表现出画面大的空间关系及色彩关系。

(04) 用马克笔仔细刻画，画出物体的细节部分，使画面内容更丰富、看点更多。然后对整幅画进行调整，直到完成。

5.6 综合工具表现

综合工具的表现是指用钢笔、水彩、马克笔、彩铅等工具去表现效果图，综合工具表现方法多种多样，表现灵活，并且可以根据作画者的实际情况去决定使用这些工具的一种或几种，同时可以在绘制效果图的过程中根据画面的实际需要去改变使用的工具，比如画地面用马克笔比较好，但是画墙面的壁纸就可以用钢笔和彩铅相结合去表现，这样的方法在作画的过程中十分常见。因此综合工具的表现在效果图表现中最为方便实用，深受大家的青睐。

⯈5.6.1 综合工具的特征

综合工具一般具有以下特征：

（1）由于表现方法的灵活多样，所以画面效果会非常丰富。

（2）画面的简繁程度可以根据需要自由控制。

（3）有利于各种不同材质的表现。

⯈5.6.2 综合工具表现的特点

综合工具表现的特点有以下几点：

（1）画者对工具的可选择性大，初学者十分容易掌握。

（2）画面的最终效果会由于使用工具的多样化而变得十分多样。其中水彩与彩铅结合、马克笔与彩铅结合的方法使用较多。

⯈5.6.3 综合工具表现技法

综合工具表现技法多种多样，常见的有这样几种：

一种是将画面的大的色彩素描关系画出，下一步用彩铅画出细节部分。另一种是用水溶彩铅在画面上画出大的画面效果，然后用水将纸上的颜料稀释，再用彩铅画一遍。另外，还有一种是用马克笔画一遍后用彩铅刻画细节。

图26　综合工具表现（马克笔、彩铅、色粉笔）（孟莎 画）

图27　综合工具表现（马克笔、彩铅、色粉笔）（孟莎 画）

图28　综合工具表现（马克笔、彩铅、高光笔）（孟莎 画）

图29　综合工具表现（马克笔、彩铅、高光笔）（任远 画）

图30　综合工具表现（水彩、马克笔、彩铅、高光笔）（任远 画）

图31　综合工具表现（水彩、马克笔、彩铅、高光笔）（申心如 画）

方法是多样的，但是其目标相同，都是为了表达出色彩关系、空间关系、物体的材质纹理等。（如图26至图31）

 5.6.4 综合工具表现步骤

运用综合工具表现时，要注意发挥每

种工具的优势，并要注意不同工具之间的结合，这样才可以达到单一工具表现不具备的特点，真正发挥综合工具表现的优势。

↘ 综合工具表现步骤

01 绘制线稿。

02 绘制沙发暗部和阴影。

03 绘制茶几和地毯。

04 绘制靠背。

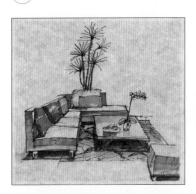

05 深入刻画物体和周围环境，达到完整画面效果。

06 用彩铅、色粉笔、涂改液调整画面、提亮，使画面效果丰富。（孟莎 画）

每种表现技法都有其长处和局限性，在初学阶段单独掌握好每种技法后，就好练习根据表现内容和表现要求灵活选择表现技法以及综合运用表现技法的能力。在具备了这样的能力后，对于任何内容和形式的手绘表现都能够游刃有余。

手绘效果图上色表现步骤：马克笔表现

这是一张客厅的手绘效果图，构图完整，色彩明快，是一张不错的课堂作业。

确定透视关系时，视平线的位置不要定得太高，要稍微低一些，最终出现的画面效果会比较好。客厅的设计重点在沙发和电视，所以这两部分也是最终画面的视觉中心，在绘制时应重点刻画，突出其主体地位。另外还要注意整体色彩的统一以及材质的表现。

01 用钢笔或水笔画出空间关系以及墙体、吊顶、家具的轮廓和物体的受光情况。

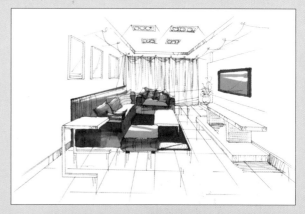

02 找到物体的固有颜色，用马克笔概括地画出该效果图视觉中心位置的颜色，上色要简单概括。

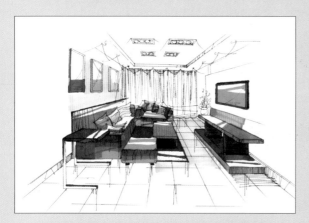

03 用马克笔画出画面的大的空间关系并表现出色彩关系。

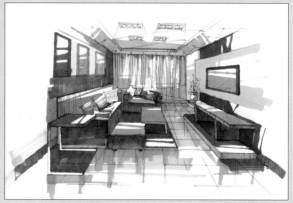

04 深入刻画，画出必要的细节部分，让画面内容丰富。然后对整幅画进行调整，直到最后完成。

这是一张办公空间的手绘效果图，作者通过灵活的构图和生动的线条打破了该空间原有的单调，是一张非常成功的手绘作品。

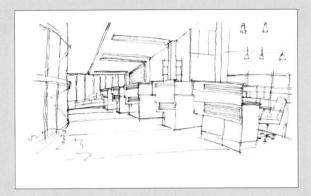

01 绘制线稿。注意线条的流畅和疏密关系。

02 为主体物暗部和阴影上色。

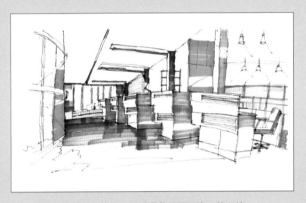

03 进一步刻画主体物，同时调整周围环境，使之统一。

04 充分刻画画面，基本完成整体画面。

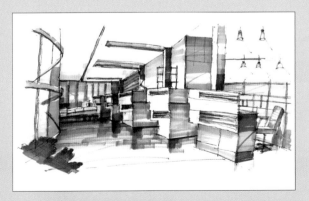

05 补充刻画上一步绘制不到位的地方，进行细节的推敲，从整体的角度调整画面的明暗关系和色彩关系。

06 用彩铅和色粉笔对马克笔表现不到位的地方进行补充，使之过渡自然、层次丰富。然后用涂改液提出高光，使画面效果更加统一和丰富。

学习手绘效果图，不单单只是学习表现技法，同时更重要的是学习设计思想。一幅优秀的手绘作品，是基于优秀的设计加上后期优秀的表现综合实现的。所以，在学习手绘时，不要忽略设计。

图32　马克笔表现（李静茹 画）

图33　马克笔表现（李静茹 画）

左图是一张休闲区的手绘效果图，画面完整、响亮，是一张优秀的手绘作品。（如图32）

作品展示的是休闲区的一角。一个懒人沙发、简单的坐垫、一个小书柜和几本书、大幅的落地窗和充足的阳光，共同烘托出放松、休闲的氛围，非常符合休闲区设计的要求。

从手绘的角度来看，作者采用大胆的虚实处理手法，主体物懒人沙发和小书柜刻画得非常充分，其周围环境物和环境也刻画到位，与之对比的墙面、地面仅用单色的马克笔笔触大胆概括，形成一个主次鲜明、时尚、简约的休闲区空间。

上图是一张浴室的手绘效果图，画面轻松、响亮，是一张优秀的作品。（如图33）

作品展示的是浴室的一角，同时也是浴室的中心。该浴室整体空间设计简洁，没有过多烦琐的结构，展现出空间简洁、灵透的特点。利用木架搭起的浴帘很随意地围合出沐浴空间，彰显了绝对的浪漫。同时竹藤的置衣筐与欧式的浴盆形成鲜明对比，凸显了个性与时尚。

从手绘的角度来看，作者大胆地对表现进行取舍，主体物浴盆刻画非常充分，其周围环境物和环境也刻画到位，与之对比，对于墙面、地面的大胆处理非常简单概括。另外，置衣框简洁的处理使之很好地完成了配角的作用。

整幅作品不管是从设计的角度还是手绘的角度都充分展示了一个简约、时尚、个性的洗浴空间，是非常值得学习的优秀范例。

图34　卫生间一角效果图（朱慧琳画）

左图是一张卫生间的手绘小品，画面轻松、灵动，是一张优秀的作品。（如图34）作品展示的是浴室墙上的挂件，虽然画面简单，但把简单而机械的物体表现得有趣、到位。

左图是一张书房的手绘效果图，作品展示的是书房的一角，也是书房的中心。该书房整体空间设计简洁，没有过多烦琐的结构，书柜、沙发、茶几、落地灯等简单的设施勾勒出简洁的空间。（如图35）

从手绘的角度来看，因为画面所展示的都是书房的主体物，所以整体刻画都比较深入，但作为前景的置物筐刻画就非常概括，使之与主体物产生鲜明的对比。另外，沙发的布艺材质表现是这幅画的看点，也是大家值得学习的地方。

图36　厨房效果图（朱慧琳 画）

上图是一张厨房的手绘效果图，空间表达清晰、自然。作品展示的是厨房操作区和装饰区的空间关系及色彩搭配情况。（如图36）

图35　卫书房一角效果图（朱慧琳 画）

图38　餐厅效果图（朱慧琳 画）

上图是一张餐厅的手绘效果图，作品展示的是开放式厨房和餐厅，地上的地毯很好地确定了餐桌椅的中心地位，也是画面的视觉中心。（如图38）

从手绘的角度来看，这是一张构图完整、刻画比较深入的手绘作品。从作品中前景、中景、远景的处理中可以看出作者具有比较扎实的手绘功底，大胆的前景和远景的概括表现突出了主景的地位，三者关系的处理非常得当，值得大家学习。

图37　阳台一角效果图（朱慧琳 画）

上图是一张阳台的手绘小品，从背侧面的特殊角度表现阳台一角，整体构图有趣，椅子边散落的小红鞋增加了画面的生动性。（如图37）

内容

室内效果图表现（如图39至图41）

要求

1. 绘制室内各空间的效果图（客厅、卧室、书房、走廊、厨房、卫生间等）。
2. 透视正确，形体准确，结构交代清楚。
3. 色彩搭配合理，画面效果统一。

工具:钢笔、水彩、水粉、马克笔、彩铅、色粉笔等

纸张：A4 马克笔纸

图39　练习稿（张萌 画）

图40　练习稿（郭瑞毅 画）

图41　练习稿（尚彩云 画）

第 **6** 章

快速表现

课题概述

快速表现不只是对设计师构思过程的记录，也是推敲建筑设计功能、结构、形态的一种有效手段。钢笔、马克笔、水彩以其色彩丰富、携带方便的特点成为设计快速表现的重要工具。本章详细介绍了快速表现的技巧，并提供了快速手绘作品范例，可供初学者进行着色练习。

教学目标

学会用三种以上的方法进行快速表现，其中马克笔与彩铅相结合的方法是我们学习的重中之重，如何使用快速的上色工具、怎样利用快速表现来提高手绘者对设计的感觉也是我们主要的学习目标。

章节重点

快速表现技法的要求是我们学习的重点内容，同时快速表现技法在设计行业所起的作用和应用状况也是我们学习的内容。

6.1 快速表现介绍

快速表现是室内设计师频繁使用的一种表现方式，它贯穿于设计师的设计过程，为设计师提供形象化的思维过程、固定瞬间即逝的创意构思，在与业主交流过程中也可以便捷地沟通、解决问题。

▶6.1.1 快速表现的概念

效果图的根本目的是为设计服务。效果图作为一种具有工程意义的绘画，不仅具有翻译设计数据，直观地表达设计方案的作用，同时它还是整个设计环节中一个不可缺少的部分。随着社会进步，现代设计也得到了快速的发展。在现代社会节奏不断加快的形势下，快就是效率，快就是成功，相反就会失去竞争力。在建筑设计、环境艺术设计、广告展示设计专业的范畴中，不论立意构思还是方案设计或者画效果图，都要求在最短的时间内完成。常规的建筑画，尤其是渲染图，虽然可以把内容表达得十分充分，但在效率上明显缺乏优势，而快速效果图作画快捷，易出效果，不仅满足了上述要求，同时其快速的表达能力在业务洽谈中所发挥的记录、沟通等方面的作用在业务竞争中具有特别的价值。因此，快速手绘效果图作为效果图绘画中的一种新的方法与类型，是时代的产物，也是效果图发展的产物，它正在发挥着越来越重要的作用，深受建筑设计、环境艺术设计、广告展示设计专业工作者的普遍欢迎，在当今是一种必备的基本能力。(如图1至图3)

▶6.1.2 快速表现的社会意义和发展前景

快速表现在当今社会使用范围之广、发展空间之大为其他的手绘方式所不及。设计师要用它构思方案，靠它和顾客介绍自己的设计思路。在社会发展日新月异的今天，快速表现的能力作为衡量设计师设计水平高低的重要方面，越来越受到业内人士的关注。手绘快速表现将成为设计师从事设计工作的一个必不可少的环节。

图1　快速表现1(张智飞 画)

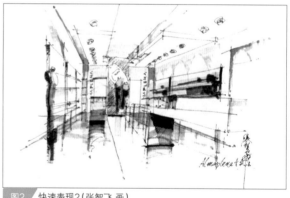

图2　快速表现2(张智飞 画)

图3　快速表现3(张智飞 画)

6.1.3 快速表现的特点

快速表现能比较直接地传达设计者的设计理念，作品生动，亲切。具体来说，快速表现有以下特点：

（1）表现省时快速

表现快捷、省时快速是一个相对的概念，快速效果图作画时间相对较少，但不是说快速手绘效果图可以不分设计的内容与要求，一律只用很少的时间在规定的范围内完成画作。例如完成一幅建筑效果图可以用速写的方式在几分钟内完稿，但完成另一幅设计方案草图，或者设计方案效果图，则要用数十分钟或者更长一些时间，但是这两种效果图仍均可统称为"快速效果图"，因为相对于用数小时或数十小时才能完成的传统色彩渲染效果图而言，它们的表现已经是非常快捷省时的了。

（2）效果概括明确

以高度概括的手法删繁就简，采取少而精的方法，对可要可不要的部分及内容可以大胆省略，放松次要部分及非重点内容，加强主要内容的处理，最终形成概括而明确的效果，这是快速效果图的又一特征。因为高度概括不仅"快"，还可以起到强化作品主要信息内容的作用，但要注意的是，快同样需要严谨、准确、真实，不可夸张、变形、更不可主观地随意臆造，所以要紧紧抓住所描述对象最重要的特征，重点刻画其体积、轮廓、层次及最重要的光影和质感等，从而达到概括的理想状态。另外，快捷概括地表现对象，势必会对深入刻画产生影响，如果不采取必要的加强措施，会造成画面虚弱无物的印象。因此要加强所要表达的主要重点，抓住精髓之处刻画，明确关系。如强调明暗的对立与黑白灰的关系安排：加大力度着意刻画光影的虚实，远近关系；夸张材料质感的反差等等。总之通过一系列的对比手法，给人以清晰鲜明的视觉效果。

（3）操作简单方便

效果图要比较快速地完成，操作简单方便非常重要。操作简单方便就要求绘画的程序要简单，绘画的工具要方便，绘画者要能胸有成竹非常果断地在画面上直接表现，所用的工具包括笔、纸、颜料均应能做到使用便利，最好以硬笔（如钢笔、马克笔、彩铅等）作业为主，尽量减少湿作业（至多使用一些水彩淡彩），同时，使用的工具品种也应该尽量少，这样操作就非常简单方便了。

6.1.4 快速表现的要求

作为一种广泛而实用的效果图表现方式，快速手绘效果图越来越受到设计师的欢迎，而要画好快速手绘效果图，必须要符合与达到以下要求：

（1）形准是灵魂

快速手绘效果图作画过程无论多么快捷与概括，表现对象的形一定要如实地做到严谨与准确，这是效果图的灵魂，同样也是快速手绘效果图的精髓。快速手绘效果图绘画区别于一般的速写绘画，它不能进行任意的夸张与变形，必须要严格遵守所表达对象固有的比例与尺度的准确、材质与色调的真实、体形与轮廓的完整、结构体系的严谨以及空间的情趣等，反对失真的表达。

（2）合理地表达与处理画面关系

快速手绘效果图画面中所体现出的关系必须是合理而处理得当的。因此，绘画者必须具有良好而扎实的基础，尤其是素描的基本功要扎实。要善于形象分析、理解与描述，能抓住形体的主要特征，熟练而合理地处理刻画、表达好画面中的体与面、光与影、远与近、虚与实、柔与刚、动与静等关系。

（3）整体而精炼的画面

快速手绘效果图画面必须是整体而精炼的，它没有必要花过多的时间去描摹一些不重要的内容与细节。多易繁，少则精，所以精的前提一定是要少，但少并不等于可以散，少更要重视画面的整体性，因此，整体而精炼的画面是快速效果图的一个不可忽视的要求。

因此，我们在进行快速手绘效果图绘画时，首先要通过认真分析对象、重点抓住其主要的结构与内容及主要部分作为重点刻画的对象，其他均可大胆省略，切忌面面俱到，多则繁，繁易乱。其次，在对描述的对象进行刻画时，高度概括的同时要注意画面的整体性，能统一就不强调区别。

（4）重点明确与效果强烈的视觉感受

快速手绘效果图画面的视觉感受必须是效果强烈而重点明确的。效果强烈可以使你所表达的设计简单但却引人注意；重点明确可以使观者并没有因为简单而无法了解画面所要传达的主要信息，而是能一目了然地明了设计的重点。要达到简洁却吸引人的效果，诀窍就在于要对重点部位十分着力地深入刻画，要反复运用多元对比手法，这样才能少而不淡，简而不苍白，才能符合画面层次清晰、主题突出、生动丰满、精彩夺目、具有重点明确与效果强烈的视觉感受的要求。

6.2 快速表现技法

快速手绘效果图主要是根据绘画工具来分类的，在这些工具的使用中，画家们根据各自不同的需要，充分发挥着各种工具结合的可能性，以得到一种快速而理想的视觉效果。

▷ 6.2.1 单色表现

单色表现指的是只用一种颜色去表现，也可以理解为我们用单色表现的效果图是素描。

根据使用工具的不同，单色表现大概分为铅笔快速表现和钢笔快速表现两种方式，这两种表现方法我们在下文会有具体的讲解。单色表现是对室内的陈设、饰面等用线和面的方式进行表达，它可以表现出室内陈设与饰面的结构、明暗关系、纹理特征等。单色表现是进行彩色表现的基础。

（1）铅笔快速表现

铅笔除了用于快速效果图表现以外，还常用于设计师设计过程中的工作草图绘制、构想手稿、效果速写等。因此，这类工具表现方法比较适宜作效果图。铅笔草图画面看起来轻松随意，并不规范，但它们却是设计师灵感的火花记录、思维瞬间反映与知识信息积累的重要手段，它对于帮助设计师建立构想、促进思考、推敲形象、比较方案等一系列行为起到强化形象思维、完成逻辑思维的作用，因此，

一些著名优秀的设计大师的设计草图手稿，都具有非常高的艺术与收藏价值。所以，铅笔草图尽管表现技法简洁，但作为设计思维的手段，具有极强的生命力。

由于铅笔作图具有便于涂擦修改的特点，所以在起稿时可以先从整体布局开始。在表现与刻画时，尽可以大胆表述。

铅笔不仅在表现线条方面具有丰富的表现力，同时还有对面的极强的塑造表现力。铅笔在表现上可轻可重，可刚可柔，可线可面，可以非常方便地表现出体面的起伏、距离的远近、虚实的关系、光影的效果、材料的感觉、色彩的明暗等等。所以，在表现对象时，可以线面结合，这样对画面主体与辅助内容的表达都具有极其生动的表现力。

（2）钢笔快速表现

钢笔快速表现是快速效果图中最基础、运用最广泛的表现类型，是设计学专业人员重要的必会技能与基本功，它对培养设计师与画家形象思维、快速构建形象、表达创作构思和设计

意图以及提高艺术修养、审美能力等均有很好的作用。

钢笔速写主要是用线条的方式来表现对象的造型、层次以及环境气氛，并以此组成画面的全部。因此，研究线条、线条的组合与画面的关系是钢笔速写技法的重要内容。由于钢笔速写具有难以修改与从局部开始画的特点，因此下笔前要对画面整体的布局与透视、结构关系在心中有个大概的腹稿——一种设想、安排与把握，这样才能保证画面能够按照预期的方向发展。

钢笔速写表现的对象往往是复杂的，因此要理性地分析对象，理出头绪，分清画面中的主要和次要，大胆概括。具体处理时应主体实、衬景虚，主体内容要仔细深入刻画，次要内容要概括、交代清楚甚至点到即可，切记不可喧宾夺主地去过分渲染。

另外对于画面的重要部分要重点刻画，如画面的视觉中心、主要的透视关系结构，这些都可以用一些复线或粗线来强调。

钢笔单色快速表现的绘制不同于长期作业的绘制，不用按照严格的透视步骤绘制，但在起笔时一定要做到心中有数，把握住大的透视规律。一般会采用从主体物开始向周围环境扩散的画法进行绘制。单色表现的重点和难点都在于线条的组织与处理，绘制的时候应该特别注意。

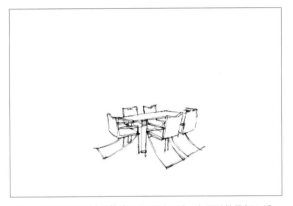

01 快速表现可以从整体空间关系入手，也可以从局部入手。这幅作品从主体物入手进行刻画。

02 从主体物向周围环境延伸，绘制主体物的周围环境物。

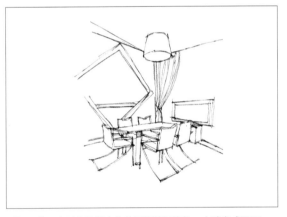

03 进一步延伸绘制主体物周围的环境物，大致完成画面。

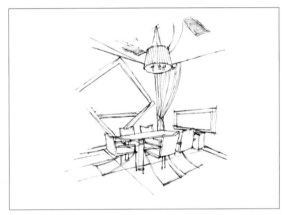

04 刻画细节，调整画面整体效果。

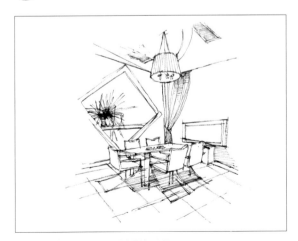

05 根据画面需要，适当添加配景。

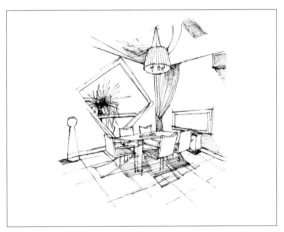

06 深入刻画主体物和周围环境物。

01 从视觉中心着手，绘制主体物。注意根据整体构图确定主体物的位置。

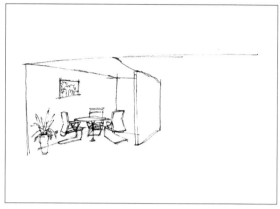

02 从主体物逐渐向周围环境扩展，注意物体之间的相互联系。

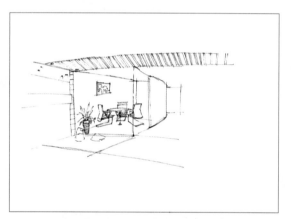

03 从周围环境逐渐延伸到顶棚和地面的绘制，注意线条疏密关系的处理。

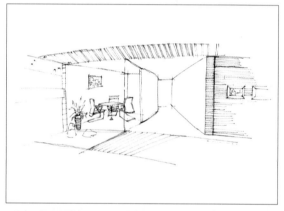

04 进一步刻画画面，注意徒手画时一定要把握好透视关系。

05 在材质刻画的同时，调整整体画面的节奏。

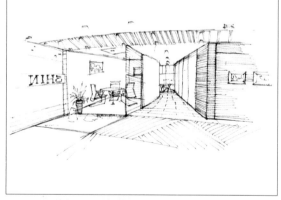

06 添加细节，完成画面。

▶ 6.2.2 彩色表现

彩色表现是指用多种颜色进行表现，它可以表现出画面的素描关系和色彩关系，因此画面会更加生动。有了单色表现作为基础，进行彩色表现就会容易许多，彩色表现可以表现出室内陈设、每个饰面的色彩和质地，和单色相比，能够说明的问题更多。

（1）钢笔淡彩

钢笔淡彩是一种在钢笔速写基础

图4　马克笔淡彩快速表现（李静茹 画）

图5　马克笔淡彩快速表现（李静茹 画）

上进行简单上色的效果图表现方式，具有操作简单方便、画面轻松明快、效果直接强烈的视觉感受。

钢笔淡彩可分干、湿与干湿混合三种作业方式。

湿作业即是将前述被速写的对象及景物涂以水彩颜色；干作业则是使用彩铅或水溶性彩铅、马克笔作业；干湿混合作业则是用水彩颜色铺底，然后用彩铅、水溶彩铅或马克笔着色。由于钢笔速写多是用钢笔一次完成作品，所以着色必将在其后，因此，一定要等钢笔墨水干透之后再上色，否则，墨水容易化开，当然，如果使用中性笔与签字笔这种情况就基本可避免。同时，在湿作业着色时，最好使用透明水色或水彩色，水分尽量要少，上色要准确，争取一次就完成确定色调与着色工作，反复遍数多了，钢笔线会被软化开，造成不可收拾的局面。钢笔淡彩的着色不宜太浓，色彩基调应以清朗明快为主，可以在平涂的基础上在结构或明暗交界处适当加重着色力度，明朗的色调衬以钢笔速写黑白反差强烈的线条，综合效果将十分舒心夺目。

干作业则用彩铅、水溶性彩铅或

马克笔进行着色。彩铅、水溶性彩铅由于没有水分，着色时可放心人胆地描绘各种需要的色彩，既可重复又可混合。

（2）铅笔淡彩

铅笔淡彩首先用铅笔画出线稿，这样线稿很容易修改，然后用彩铅或水彩画出淡淡的颜色，这种表达方式十分快捷，看起来清新淡雅，设计师在进行电脑效果图制作之前可画出这样的线稿以做参考。

（3）马克笔淡彩

马克笔淡彩表现是用铅笔或钢笔画出线稿，然后用马克笔上色，这种表达方法方便实用，一般马克笔淡彩不会做十分深入的刻画，但是他能很好地表达出设计师的设计意图，是一种十分常用的快速表现方法。（如图4至图7）

马克笔淡彩表现是现今社会最常用的一种快速表现方法，由于马克笔工具本身的特点，决定了这一表现方法在设计领域尤其在设计构思和方案交流时的绝对优势地位。因此，马克笔淡彩表现在手绘表现领域有很强的实用性，也是学生学习的重点。

图6　马克笔淡彩快速表现（任远 画）

图7　马克笔淡彩快速表现（任远 画）

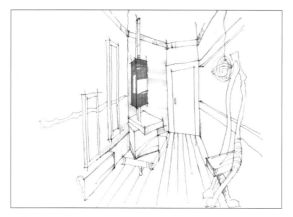

01　浅色马克笔打底。

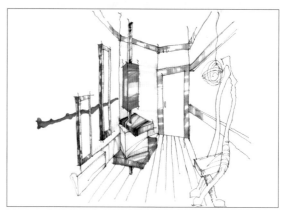

02　刻画主体物。

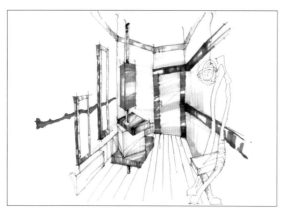

03　进一步充分刻画主体物。

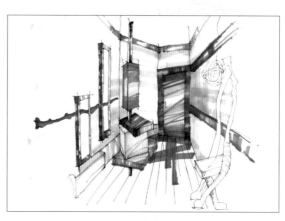

04　深入刻画视觉中心。

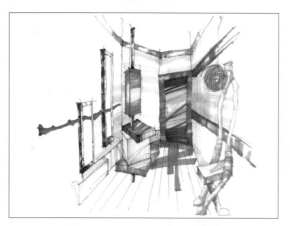

05　绘制配景。

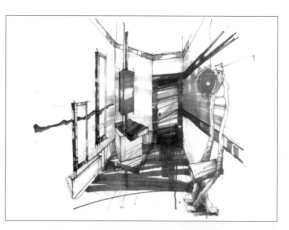

06　补充细节，调整画面。

6.3 快题设计表现

快题设计表现是手绘快速表现的一种特殊形式，不仅在表现方案方面有其鲜明的优势，也是选拔设计师的常用表现手段。

▶ 6.3.1 快题设计的概念

快题设计是指在规定的时间内运用各种表现方法完成一项具体设计任务的设计形式，以此来考察设计者的基础知识的掌握、表现技能的熟练程度以及创作思维的能力等。快题设计既是一种设计形式，也是一种训练方法，同时也是一种工作方式。

▶ 6.3.2 快题设计的意义和用途

快题设计表现是设计方案表达的一种形式，它具有设计最基本的要求和思维模式。但快题设计表现与平时的方案设计表现又有较大的区别，从属性上快题设计可以认为是方案设计的初级阶段，同时还是提高设计能力的一种有效的训练方法，同也已经成为设计类专业选拔人才的一门考试科目，因此快题设计表现的训练对设计专业人士具有特别重要的意义。

▶ 6.3.3 快题设计与平时方案设计的区别

快题设计与平时方案设计不管是在开始的设计构思、设计深入程度方面，还是后期的设计方案表达方面，都有很大的不同之处。通过比较快题设计与平时方案设计的区别，可以更好地理解快题设计的要求与特点，为快题设计训练做好准备。

（1）设计构思的方法不同

平时方案设计是一个正向思维的过程，也就是说设计思维过程是常规的设计思路和方法。一般是按照设计构思的过程，从查阅收集资料开始，

形成最初的草图方案，然后进行方案的推敲与修改，确定平面功能，在此基础上进行立面效果的设计，同时加入设计者的审美创意。在整个过程中，如遇到功能和审美有矛盾时可以来回推敲以确定最终的设计方案。这也是一般设计者进行常规方案设计的过程。

快题设计是一个逆向思维的过程，也就是说设计思维过程是非常规的思维方式。设计中不能够均衡地照顾到功能、审美等各方面的要求，而要有所侧重，有时甚至为了突出某部分的设计创意而牺牲部分次要的功能。设计构思过程一般是先把整体空间的效果构思出来，在平面功能和立面设计时，没有过多的时间进行推敲，整个设计构思的时间比较短，确定方案时要求设计者做到快速不拖拉。

（2）设计的深入程度不同

平时方案设计要求细致推敲、精益求精、深入表达。这一方面主要取决于时间是否充足以及设计方案的要求，一般都会进行反复的推敲以达到最完美的设计效果，每一部分空间都会设计到，每一个空间都又设计得非常深入细致，有时甚至会设计出几套不同的设计方案供业主比较选择。

快题设计要求合理即可，无法做到设计内容的精细细致，只要求空间分区合理、布局合理、交通流线合理等，设计内容能够正确的表达出来即可，不要求设计得多么深入、多么充分。

（3）表达方法不同

平时方案设计的表达要求完整、深入、丰富。表达方案包括完整的平面布局表现以及立面效果的表现，还有每个空间的透视效果图的表现，通常一套设计方案图纸就有十几张到几

十张之多，这是为了将设计构思表达清楚所必需的。不仅数量上如此，在每张设计图的表现上也要求深入表现，造型、材质纹理、灯光、配景等各方面都要求充分表达。

快题设计的表达要求简洁、概括。相比平时方案设计的表达，快题设计的表达就显得非常简洁了。但简洁并不是简单，虽然简洁但该表达的设计内容是不能少的，尤其不能漏掉重要的设计信息，用最少的笔墨表达出最多的内容是快题设计表达的要求。

▶ 6.3.4 快题表现的要求

快题设计表现注重基本功的扎实训练和创新能力的培养，合理的总体布局、美观的造型与丰富的空间规划、合理的功能载体、坚实的技术基础以及富有创意的表达是快题设计训练中需要重点练习的一方面。下面将具体介绍快题设计表现的要求。（如图8至图13）

（1）空间的创意设计能力

快题设计最主要的目标是考察设计者的方案设计能力，快题的图面可以直接反映出设计者对设计基础知识的掌握情况以及有效运用的能力。不仅如此，在方案设计过程中伴随着艺术创作的成分，设计者应能把自己的审美意识最大限度地具有创意性地融入方案的设计中。这就要求设计师要具备很强的空间创意设计能力。

（2）设计过程的逻辑思维能力

设计过程的逻辑思维能力体现在多个方面，比如：方案构思能力、基地分析能力、方案深化能力、理性判断能力等，这些需要用图示的方法体现出来。通过各种的概念草图和分析

图（比如功能分析图、交通分析图、景观分析图等）和设计过程图（灵感来源图、设计思路分析图等）能够让别人读懂设计设的逻辑思维过程。

（3）设计方案的快速表达能力

快题设计的最终成果就是设计图纸，计图纸反应设计者的设计能力水平，因此表达能力的好坏直接影响着设计能力的强弱，或者说表达能力在一定程度上是对设计能力的真实反应。

快题设计不同于平时方案设计，要求的时间紧迫，快速有效而又清楚地表达出自己的设计内容最为关键，每一笔都要力求精要到位、准确达意，这就要求设计者具有较强的概括能力和方案表达能力。较好的艺术表现力会成为方案成功的有力工具，较强的表达能力也是设计者较好的艺术修养和扎实的基本功的体现，在快题表现中，设计者应采用自己擅长的方式方法，做到正确、美观的表达设计意图。

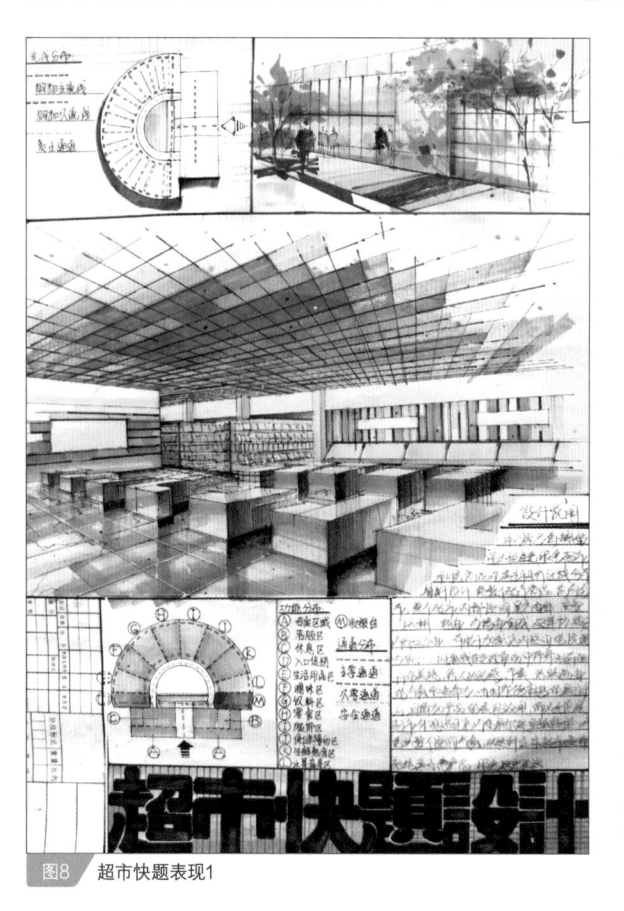

图8　超市快题表现1

图9　超市快题表现2

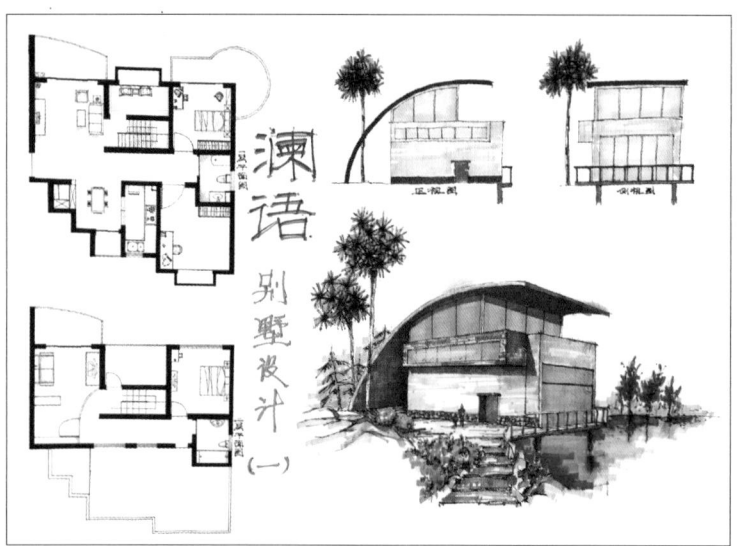

图10　别墅快题表现1

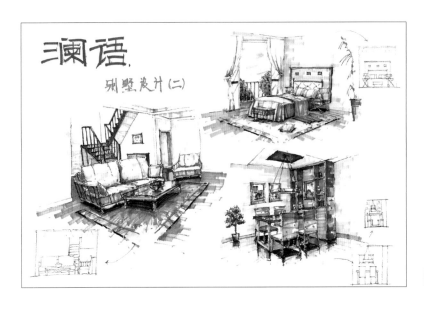

图11 别墅快题表现2

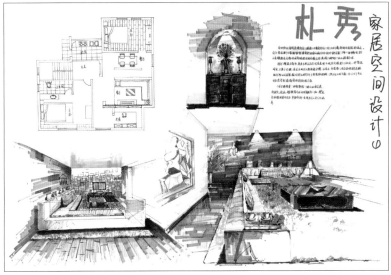

图12 家居空间快题表现1

图13 家居空间快题表现2

快速表现（线稿）创作

线稿可以从主体物着手，然后向周围延伸，直到完成整幅画面。快速表现的线条概括力要强，不要出现啰唆的线条。

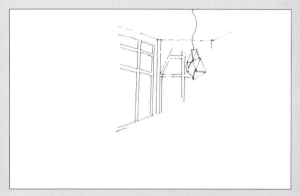

01 构思好构图，透视关系做到心中有数，直接从局部下笔绘制。

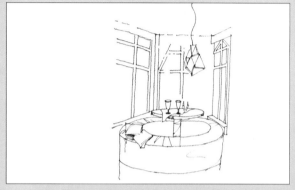

02 绘制主体物，注意考虑透视中视平线和灭点的位置关系。

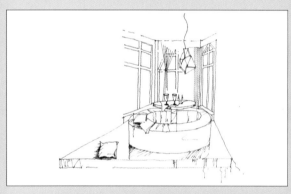

03 进一步刻画主体物，深入刻画其造型、材质和空间关系。

04 由主体物向周围空间环境延伸，绘制墙面。

05 进一步绘制，基本完成画面。

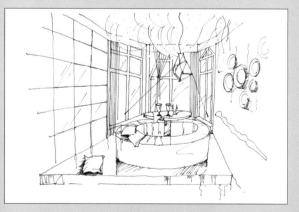

06 补充细节，重点在于材质的表现和立体感的塑造。

快速表现不仅线条概括力要强，不要出现啰唆的线条，在彩色表现时，也要干净利索，色彩层数不宜过多。

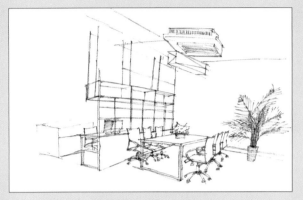

01 绘制线稿，注意近景、远景的空间处理以及构图的形式。

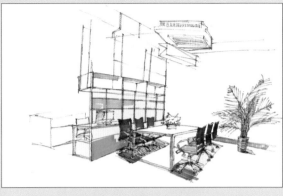

02 从视觉中心开始上色，主体物的色相决定了画面的整体色调。

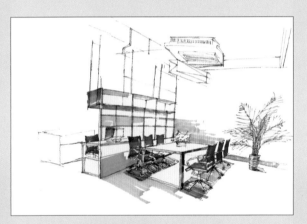

03 进一步刻画主体物及其影子。

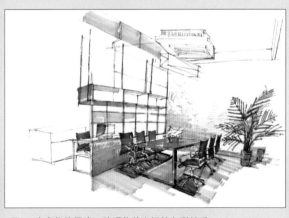

04 丰富物体层次，处理物体之间的色彩关系。

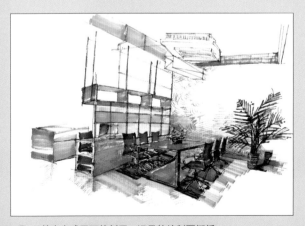

05 基本完成画面的刻画，远景的绘制要概括。

06 运用彩铅补充细节，调整整体画面关系。

设计点评

手绘效果图表现的纸张是多样的，比如色卡纸、新闻纸、牛皮纸等。不同的纸质和颜色会直接影响画面效果，并且会产生丰富的表现效果。所以在开始作图时，纸张的选择尤为重要。一般我们都会在白色的纸张上进行作图，但遇到特殊要求的空间表现时，就可以尝试其他纸张，也许会带来意想不到的效果。

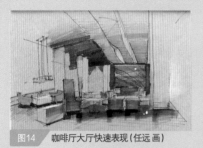

图14　咖啡厅大厅快速表现（任远 画）

图15　咖啡厅吧台快速表现（任远 画）

左图为一咖啡厅吧台的设计方案，以简单的几何形和明快的色彩表现出咖啡厅吧台及周围令人愉悦的气氛，突出了吧台在整个咖啡厅中的重要地位。（图14）

上图为一咖啡厅大厅的设计方案，空间紧凑、装饰豪华，色彩较为明快。吊顶的设计尤为讲究，采用不规则的连续的几何形表现出咖啡厅的韵味。在手绘表现方面，用简洁的线条和概括的色彩表现出完整的设计内容，是一张优秀的快速表现作品。（图15）

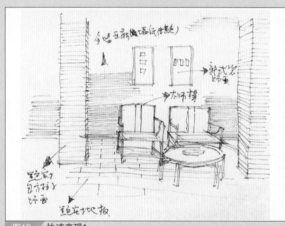

图16　快速表现1

图17　快速表现2

图18　快速表现3

图19　快速表现4

这是一套快速表现作业中的几张，娴熟的线条完整地表现了设计内容，配以文字注释对材质有了一个清楚的交代。在草图构思阶段，能够绘制出这样的快速构思草图是每个设计师必备的技能。（如图16至图19）

快题表现在具体的设计阶段非常实用，所以在学习阶段也是学习的一个重点，由于其表现非常概括、灵活，对于初学者来说又是一个难点。在学习的过程中必须多加练习，先临摹优秀作品，然后进行创作练习时，一步一步地进行线条的提炼和色彩的概括，最终掌握手绘效果图的快速表现。

内容

家居空间快题表现（如图20至图21）

要求

1. 根据所给平面图进行家居空间快题表现。
2. 完整表现平面布局和重点空间效果。
3. 用最精炼的线条和色彩完成表现设计内容。
4. 画面效果强烈，生动活泼。

工具：彩铅、马克笔等不限

纸张：半开素描纸

图20　家居空间快题表现1

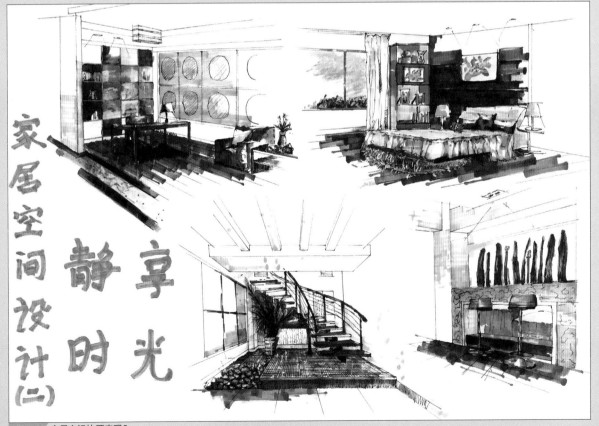

图21　家居空间快题表现2

第 **7** 章

优秀作品赏析

7.1 优秀手绘室内效果图欣赏
7.2 快速表现作品欣赏

课题概述

本章内容是优秀作品的赏析，在前6章的基础之上，通过展示最终的效果图说明手绘效果图表现的魅力所在。在系统地学习了前6章之后，再去借鉴欣赏优秀的作品，以让学习者得到更多的收获。

教学目标

通过对优秀范例作品的学习，使学习者可以充分理解如何调整画面，提高欣赏水平，以进行更深入的练习。

章节重点

引导学习者逐步了解如何判断作品的优劣及优秀作品的优秀之处。

优秀手绘室内效果图欣赏

这是一套别墅设计方案，整体设计风格简约现代，手绘绘制方面刻画深入，不管是空间表达，还是材质的表现都很到位，不失为一套优秀的手绘作品。

▶7.1.1 清新自然的客厅

该张效果图表现的是一个以蓝色调为主的开敞的起居室。运用方形的砖材做吊顶，在设计理念上有所突破，形式感很强。墙面用的是天蓝色的乳胶漆，与吊顶形成呼应。在家具的装饰上，采用了实木和布艺的沙发与深色的茶几相结合的手法，稳重而具分量感。

在表现方面，将沙发和茶几作为刻画的重中之重，墙面地面刻画得较为简略，三个球形的灯饰使整个空间显得更有活力，沙发周围的绿色植物使整个空间更加清新自然，植物的刻画较为充分。刻画植物的重点在于学会概括与日常认真细致的观察。该作品对于沙发的高光进行留白，起到画龙点睛的作用。植物的高光部用了少量的涂改液，使植物在表现上更有活力。该效果图繁简得当，用笔疏密有致，画面最左边和最右边的沙发形成强烈的对比，使画面更有味道。该作品最精彩的地方在于物体边缘马克笔笔触的过渡，这种手法在手绘效果图的学习过程中是一个难点，通常处理不好就会产生生硬、突兀的感觉，本作品处理得非常到位。

↘ 作图步骤

01 绘制线稿。注意处理好近景、中景、远景之间的关系。尤其是前景，地毯在靠近画面页边的部分可以留白。

02 刻画主体物。注意沙发布艺与实木、茶几玻璃材质的表现。

03 进一步刻画主体物，刻画地毯时需注意马克笔的用笔要多变，这样才可以表现出毛茸茸的质感。

04 进行整体刻画。远景要刻画得概括一点，起到衬托的作用。地板刻画时要注意物体阴影和反光的表现。

05 补充细节并调整画面。用高光笔补充地毯、地板以及玻璃的材质质感，使表现更加到位。

▶ 7.1.2 大气开放的客厅

　　该张效果图表现的是一个面积较大的客厅，在客厅的外墙上装有推拉门，与外面的阳台相连接，通风采光的效果较好，并且在室内活动会感觉更加贴近自然。

　　这张效果图十分注重画面的明暗关系，在刻画时十分严谨，分析了物体的受光部分及其背光部分，使画面统一协调。每个物体的刻画都比较充分，画面有很强的厚重感。带有花纹的蓝色毯子在画面中十分响亮，因为这是一种冷色与暖色的强对比。作画时，要十分注意物体的投影以及投影的颜色问题，使物体的投影颜色变化多，层次丰富。远处的条案和植物刻画充分，十分耐看，同时可以起到陪衬的作用。这是一幅刻画得十分到位的手绘效果图。

　　该幅作品的表现深入完整，视觉中心部分的沙发和茶几刻画精彩到位，细节丰富。

　　远景、中景和近景三处的植物处理非常到位，不论是线条、色彩还是马克笔笔触的排列都颇费心思。地毯的刻画也很讲究。由于地毯在该画面中的面积较大，作者并没有简单概括地表现，而是深入地、多层次地把地毯的质感表现得淋漓尽致。

↘ 作图步骤

① 绘制线稿。

② 刻画主体物。注意家具材质的表现。

③ 进一步刻画主体物，刻画地毯时要注意表现质感。

④ 进行整体刻画。远景要起到衬托的作用。地板刻画时要有物体阴影和反光的体现。

⑤ 补充细节与调整画面。用高光笔补充地毯、地板以及玻璃的材质质感，使表现更加到位。

7.1.3 红色浪漫的主卧

该效果图表现的对象是主卧室的装饰效果，大量暖色的运用使画面效果很强烈，实木地板是枣红色，床单是大红色，卧室背景墙是土黄色的。窗帘和绿色植物是冷色的，这样在画面上形成一种色彩关系冷暖上的平衡。

整个画面中物体的受光部分颜色饱和度高，背光部分颜色的饱和度较低，这是根据物体的受光情况形成的一种规律，这种规律在作画中作用很大。在用笔上，不同方向的运笔在画面中形成一种变化，这些运笔结合物体结构表现物体的体面转折关系。对于室外天空的表现十分自然，用了两种不同的蓝色来丰富层次。

该作品对于物体的刻画很充分，色彩以暖色为主，画面十分鲜明。作者设计的时候非常大胆，大红色的床使得画面中心十分突出，效果很好。画面中的次要物品刻画得较为概括，这点是大家要认真学习的。初学者总想把所有物体都刻画得十分深入，这是没有必要的，要学会有对比、有重点、有取舍。

↘ 作图步骤

01 绘制线稿。主体物刻画要充分，随意的线条用来塑造画面活泼的感觉。

02 刻画主体物。两个沙发选用两种色相的马克笔来绘制，可以产生两种不同的质感，更加丰富画面内容。

03 进一步刻画主体物，由于视觉中心整体偏暗，地毯选用高明度的淡黄色，起到增强对比的作用。

04 进行整体刻画。绘制主体物周围的环境关系，注意使其和谐统一。

05 补充细节并调整画面。沙发与植物非常简单概括，但起到了补充画面的效果。

▶ 7.1.4 宁静幽雅的会客区

这是一幅会客区方案的手绘表现，沙发与茶几是显而易见的刻画重点。作画时要十分注意物体的投影，使物体能够自然地放在空间中，比如沙发在地面上的投影已经接近黑色，但颜色虽重却要与画面保持完整协调。

墙上的挂框画有很强的装饰效果，在整幅画上有十分重要的点睛作用，刻画也比较到位，这也是画面关系的需要。对于沙发周围植物的大刀阔斧的表现与沙发和茶几的精细处理形成一种艺术处理上的强烈对比。

该作品明暗关系及色彩关系的处理十分得当。画面看起来十分协调，前景处理大胆概括，中景刻画细致深入，远景从形、色上起到了衬托中景的作用。层次分明，整体效果协调美观。

 作图步骤

① 绘制线稿。

② 刻画主体物。两个沙发选用两种色相的马克笔绘制以产生两种不同风格。

③ 进一步刻画主体物，由于视觉中心偏暗，地毯选用高明度的淡黄色，起到增强对比的作用。

④ 进行整体刻画。绘制环境关系，使其和谐统一。

⑤ 补充细节并调整画面。

第7章 优秀作品赏析

118

7.1.5 休闲别致的书房

书房是最能体现主人品位的空间之一，也是主人工作、学习、待客的重要地方，这个书房空间设计得别出心裁，利用室内台阶巧妙地将书房分割成读书区和会客区两空间，既可充分利用空间，又可以增加空间层次，很好地营造出别具情调的书房空间。

该书房手绘表现时，高低两个空间的区分与统一是重点，远处的读书区绘制时需降低色彩的明度和纯度，整体降低其对比度将其空间感觉推后。近处的会客区是画面的视觉中心，利用规整的色块和高纯度的色彩打造出了一个色彩明快、清新自然的书房。

该作品的明暗关系及色彩处理十分得当。画面整体协调，前景处理概括大胆，中景刻画细致深入，远景从形、色上起到了衬托中景的作用。

作图步骤

01 绘制线稿。利用线条的疏密塑造空间的进深感和层次感。

02 刻画主体物。橱柜根据实际设计采用不同色相的马克笔进行绘制。

03 进一步刻画主体物，在刻画玻璃时，应先绘制玻璃后面的物体，然后用与玻璃同色的笔渲染一层即可。

04 进行整体表现。远景要刻画得概括，起到衬托的作用。刻画地板时要注意物体投影和反光的表现。

05 补充细节并调整画面。用高光笔补充材质的质感，用彩铅刻画马克笔表现不到的细节使画面层次更丰富。

▷ 7.1.6 明朗宽敞的厨房

这是一幅表现厨房的效果图，设计自然大方，富于时代感。

画面中对橱柜和椅子的表现是重点，作者十分注意物体与物体之间的关系，以及空间之间的关系，比如对椅子的刻画非常充分，注重细节，并且十分注重物体周围的刻画与塑造，从而使画面的透气性好，让人们从视觉上感觉很舒服。

本设计方案中有大量植物的运用，这是传统的厨房设计所缺乏的，这是设计的一大进步。橱柜周围的刻画较为简略。整幅画面自然和谐，美感很强，且画面鲜明，刻画充分，明暗关系处理得十分精彩。

一般的厨房刻画都会显得空旷无物，作者通过添加配景以及对材质的深入刻画，使画面丰富耐看。

↘ 作图步骤

01 绘制线稿。由于橱柜都是机械的几何形，所以在前景中添加了一把椅子进行平衡。02 刻画主体物橱柜。

02 刻画主体物。两个沙发选用两种色相的马克笔绘制以产生两种不同风格。

03 进一步刻画。

04 进行整体表现。远景要刻画得概括，起到衬托的作用。刻画地板时要注意对家具投影和反光的体现。

05 补充细节并调整画面。用高光笔补充地板和玻璃的材质质感，用彩铅进行细节丰富。

⊳ 7.1.7 简洁干净的次卧

该效果图是次卧室的设计方案，简洁大方，设计务实，次卧室利用率较低，因此装饰风格较简单，却并不缺乏美感。

画面中充分刻画的地方在梳妆台，作画时间较长，其他地方则刻画简洁，有的甚至一笔带过，这是由设计的需要所决定的。地面的表现也很简单，但强调了一些重要的地方如家具的阴影等，使画面更加整体，联系性更强。

该作品刻画简练，对强光的表现较为充分。对于窗帘的塑造也恰到好处，为画面增辉许多。视点选择较低，画面角度舒服。绘制效果图时，视点的选择非常重要，相关内容请参看透视章节。

↘ 作图步骤

01　绘制线稿。次卧室的设计比较简洁，所以在表现时采用了简单、概括的手法，符合整体空间特征。

02　刻画主体物。简单的白色床单奠定了画面的色彩基调，枕头作为点缀色来补充画面色彩。

03　进一步刻画主体物，注意射灯的刻画要点，用笔要灵活，光感表现要强烈。

04　进行整体刻画。床体周围的梳妆台和地板选用深色来衬托白色床体。

05　最后进行细节润饰。

7.1.8 窗明几净的餐厅

这是一张表现餐厅设计的效果图，设计风格是中国风，实木家具的使用使画面充满传统氛围。效果图的视觉中心是一个餐桌和六把餐椅，并且刻画得十分充分，细节也比较多，对于茶几的蓝色玻璃塑造极为精彩。对于吊顶的塑造一笔带过，从而在整体画面上形成一种繁简的对比，使画面更加协调完整。在色彩运用上，大量的高级灰使画面色彩关系非常和谐，是一幅成功的用马克笔表现的作品。

画面进深较长，一般刻画时远处的空间容易忽略，但本作品对这部分的处理恰到好处，既完整地表达出来，又不抢前面的主景，非常值得学习。

↘ 作图步骤

01 绘制线稿。这张餐厅表现的范围比较大，所以在构图时确定的景深较大，用来满足画面表现的要求。

02 刻画主体物。根据物体的固有色上色，注意暗部层次，亮部注意留白。

03 绘制周围环境并确定大色调。通过地板的排笔方向表现反光。

04 进行整体刻画，完整画面。注意近景、中景、远景中绿色植物的色彩差别，要富有变化。

05 补充细节、调整画面。用高光笔补充植物和玻璃的质感，增加画面层次。

▷ 7.1.9 清爽宽敞的主卫

该作品是一幅表达卫生间设计方案的效果图，画面清新自然，给人以耳目一新的感觉。

从色彩的角度来衡量，墙面以绿色和蓝色为主色调，地面以有红色倾向的暖色为主色调，因此，地面与墙面形成一种冷暖的色彩对比。洗手池的设计感很强，以大小不同的绿色、白色墙砖为主要材料，清新自然，富于装饰感。在该张效果图表现中，洗手池与便器的刻画比较充分，以这两个地方为视觉的中心进行细致的刻画，其他地方如浴盆、地面的表现比较概括，形成了一种繁简对比，画面自然和谐而富于表现力。设计语言简练，空间关系处理较好，整幅画面对比强烈，十分鲜明。卫生间马赛克墙面的刻画是个难点，作者在此采用高度概括的手法处理得十分恰当。

↘ 作图步骤

01 绘制线稿。通过线条来营造画面的韵律。

02 刻画主体物。注意暗部与亮部的表现。

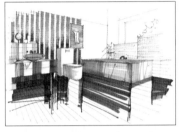

03 绘制地板和墙面来确定画面的色调。

04 进行整体刻画，使画面基本完整。注意远景的刻画要尽量概括。

05 补充细节并调整画面。注意物体与物体之间的关系处理。

7.1.10 造型幽雅的楼梯

这是一幅楼梯与楼梯周围空间的手绘表现作品，楼梯的装饰简洁而不失艺术气息，楼梯的墙面以及周围的墙面用的是白色的乳胶漆，在自然光条件下呈现天蓝色。楼梯的扶手用的是金属材料。整个画面的亮点在于楼梯口处的一组沙发和一个茶几，它们使整个设计很有品位。

在手绘的表现方面，沙发和茶几的刻画也比较仔细，尤其是沙发的刻画比较深入。地板的刻画比较简练，作者十分注重画面的简单与复杂的对比，这正是此作品的成功所在。

此外，楼梯上部的植物绿篱是设计的点睛之笔。

作图步骤

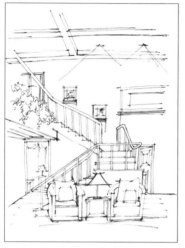

01 绘制线稿。楼梯的特别造型打破了一点透视的呆板，使整个构图完整、生动。

02 刻画前景的沙发，这是画面的一个重点，需深入刻画。

03 刻画主体物楼梯和周围环境以确定整体色调。

04 进行整体刻画，使画面基本完整。

05 补充细节并调整画面。用高光笔补充表现沙发和地板的材质质感，增加画面层次。

▷ 7.1.11 设计独特的玄关

这是一幅玄关设计的效果图，画面表现力强，鞋柜的设计打破了传统的观念，不是矮鞋柜，而是用一整面墙作为鞋柜，下面的格子放置鞋子，上面的位置放装饰品。

手绘表现中将鞋柜作为主要的表现对象，地面铺的是光泽度很好的方砖，美观大方，容易与家居摆设、墙面装饰等地方相协调。对于吊顶的表现一笔带过，形成画面的繁简主观处理效果。整体画面简洁有力，空间关系表现充分，尤其是地面材质表现得非常到位。

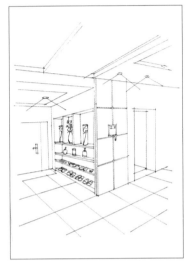

01 绘制线稿。玄关的设计比较简单，在表现时也选择简洁的表现手法。

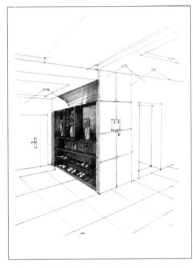

02 刻画主体物。注意空间的光影关系的表现。

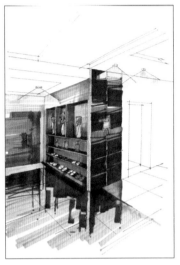

03 进一步刻画主体物，重点表现射灯与周围物体的关系。

04 进行整体刻画，完成基本画面。

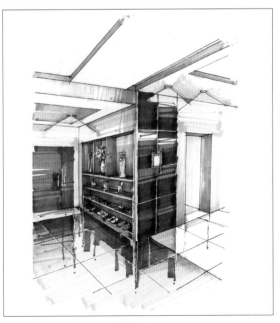

05 远景要概括表现，使画面主次分明。

▶ 7.1.12 清新独特的次卫

这是次卫生间的效果图表现作品，虽然不是主卫生间，但是在装饰的时候依然十分注意细节，带有花纹的草绿色墙砖给人以清新自然的感觉，坐便器的周围有一个简易淋浴间，用玻璃进行隔断，这样的设计能够在有限的空间里做到干湿分离。

作者注重细节刻画，因此脸盆、脸盆架的刻画是整幅画面表现最为充分的地方。另外，这张图的表现在视平线的选择上给人一定的新鲜感。整体以绿色调为主，对于物体细节的刻画尤为充分。画面中材质的刻画准确，墙砖、地砖、玻璃洗手池、玻璃隔断都非常逼真。该张图的表现整体性好，构图合理，是一张成功的作品。

↘ 作图步骤

01 绘制线稿。根据表现空间的特点选择两点透视来构图。

02 刻画主体物。白色陶瓷的坐便器和玻璃洗脸池是刻画的重点，重点在于材质的表现。

03 进一步刻画主体物，黑色大理石的台面也进行整体上色，最后用高光笔勾勒出反光和高光。

04 进行整体刻画，草绿色的墙砖和地砖确定了画面整体清新的风格。

05 运用高光笔在玻璃、大理石以及墙砖、地砖上绘制高光。

▶ 7.1.13 幽雅开阔的阳台

该作品是一幅阳台表现的效果图。阳台属于半敞开空间，所以通风和采光的效果较好，并且在这样一个空间中做绿化设计很有优势，在阳台上放置的实木躺椅和茶几是很有分量的。阳台上的栏杆也是土黄色调的实木材质，与实木的家具形成呼应。其他地方则是用中型和小型花卉做绿化。

在手绘表现方面，植物的表现是难点和要点，该作品中不同种类的植物特征表现明确，富于层次，表现力强，刻画充分，与周围的楼房形成一种强对比。画面主要刻画两个躺椅，虚实关系处理得很好。本作品的精彩之处在于对光感的处理，通过地面的影子和反光把光线表现得淋漓尽致。

↘ 作图步骤

01 绘制线稿。敞开的阳台是一个室外空间，构图时千万不要拘谨，要把室外开阔、大气的空间氛围表现出来。

02 刻画主体物。实木的休闲椅在刻画时要注意层次和材质的表现。

03 进一步刻画主体物，注意实木地板和扶手与主体物的和谐统一，进行多盆植物的刻画时要注意在绿色中寻找细微的变化。

04 进行整体刻画，增加画面层次。

05 远景刻画要概括，起到衬托的作用。室外远景表现时要降低色彩饱和度。

▶ 7.1.14 带小庭院的别墅

这是一张优秀的室外效果图，它所表现的是一座楼房的外部效果，楼房的周围有一个四角亭和一座小桥。

整个建筑体系被一条人工小河包围，富于诗情画意。

在手绘表现方面，作者突出表现了起脊的房屋，对周围的植物如小型乔木、灌木和地被类植物刻画到位，

准确而具艺术化的特征。对整体画面关系的把握能力很强，色彩效果华丽，细节丰富，体面转折明确，极具表现力。

↘ 作图步骤

01 绘制线稿。室外景物的绘制和室内稍有不同，由于具有大面积的植物，所以建筑物的线条要硬朗、严谨，这样才可以和植物松散、随意的线条形成对比。

02 刻画主体物。在固有色的基础上可以添加一些环境色。

03 进一步刻画主体物，确定出了画面大的色调。04进行近景的植物和小路的整体刻画。

04 进行整体刻画。绘制主体物周围的环境关系，注意使其和谐统一。

05 运用简单概括的笔触绘制远景，衬托出主体物，得到完整画面的效果。

第7章

优秀作品赏析

128

7.2 快速表现作品欣赏

快速表现在设计方案表达时有其独特的优势，通过简单概括的线条和色彩来完整地表达整套方案构思是一个优秀设计师必备的基本功，下面这套快速表现方案无论在方案设计方面，还是快速表现方面都很出色，值得大家分享学习。

7.2.1 平面布局方案

本套设计是一对新婚夫妻的婚房设计，户型是一个四室两厅一厨两卫的户型，在空间布局时，设计了一个主卧、一个次卧，另外还有书房和娱乐室，符合年轻人的生活需求。整体设计现代简约又极具个性，家具造型另类前卫，色彩设计大胆奔放，符合年轻人的审美趋向。

在手绘表现方面，作者用极具视觉冲击力的笔触表达设计思路，用咖啡色的马克笔表现地板的颜色，用红色表现抱枕等室内饰品。是整体色调清晰，设计色彩明快，暖色调让人感觉温馨喜庆。（如图1）

7.2.2 客厅

这是一张客厅的快速表现方案（如图2至图3），现代化的家具和个性的吊顶造型，加上抽象的装饰画和时尚造型的台灯，使整个空间充满现代、时尚的气息。电视背景墙采用正面墙的装饰柜式的设计完全能够满足生活中的储物功能，一体化的设计又不失

简约风格，使用功能和审美功能完美的结合。

在手绘表现方面，作者用比较干脆利落的用笔表现室内效果，用暖色与灰色做对比，地板的颜色与电视背景墙的颜色形成邻近色的对比，沙发背景墙的颜色与顶面颜色形成对比，重点突出，层次分明，设计的思路十分清晰。

7.2.3 主卧

这是一张主卧的快速表现方案（如图4至图5），大体量的圆床、红色的床头背景墙、米色透明的窗幔和半透明的主卫一起营造了一个绝对浪漫的婚房主卧。主卫里面弧形的推拉门和纱帘的透窗是空间设计的亮点，红色马赛克饰面的浴缸、红黑相间的墙面、弧线形的推拉门等元素增强了主卧时尚现代的气息。

在手绘表现方面，空间氛围营造非常成功，作者用枣红色的方格做卧室的背景墙，马克笔用笔灵活，层次丰富，体现统一背景墙在客厅的不同位置的受光情况，在不同的光线下形成冷暖的弱对比，床体的灰色与红色

对比协调，极具表现力。作者大胆地对能够体现空间浪漫氛围的圆床、背景墙、纱幔进行了充分深入的刻画，其他次要环境物非常简洁概括，形成了强烈的对比，有助于气氛的烘托。

主卧里的卫生间视觉中心虽然只占很小的面积，但作者通过大红色的运用表现出空间的浪漫气质，得到了意想不到的神秘、浪漫效果，这种处理手法很特别，也很值得学习。

7.2.4 书房

这是一张书房的快速表现方案（如图6），北面墙上整面墙的格子书柜满足了主人存书的需求，由于空间有限，所以放置一张地毯和一个座敦儿来满足主人的阅读需求，同时设计了一个低矮的书架式书柜，既可存放图书，又能充当坐具使用，一举两得。

在手绘表现方面，作者用比较简略的笔触表现了书房的光亮与书卷气。书房的设计色彩也是以暖色为主，木头的黄色与家具的红色形成对比，协调统一，门的颜色是冷色，与墙面相呼应，整体不缺乏对比。

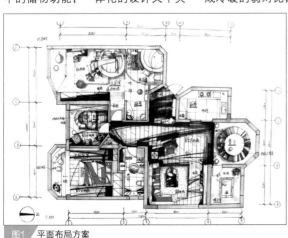

图1 平面布局方案

图2 客厅快速表现1

7.2.5 餐厅

这是一张餐厅的快速表现方案（如图7），该户型中餐厅的结构是一个突出的270°观景阳台的全明结构，利用其空间优势，将餐厅整体起了个地台，突出其景观效果，利用环形的软包代替传统的餐桌椅，立面装饰一边采用大面积的红色元素，一边利用盘子作装饰，加上造型独特的红色吊灯，整体感觉时尚大气，和整体设计风格非常吻合。

在手绘表现方面，作者选用平行透视的方法来完整表现该餐厅空间，左侧整面红色装饰墙面和右侧简洁的白色瓷盘装饰，不管是色彩方面还是线条方面，都形成了鲜明的对比。吊顶纱幔刻画得很轻松到位，材质的表现非常准确。整个空间表达了一个轻松舒适的就餐环境。

7.2.6 玄关

这是一张玄关的快速表现方案（如图8），穿衣镜采用高低、大小不等的两面镜子和一条红色抽象造型的元素结合，有别于传统单一的穿衣镜的造型。灯具和陈设造型独特，又符合整个空间气质。在一进门的第一感觉就能够感觉到这是一个时尚现代、浪漫独特的空间。

在手绘表现方面，作者采用重点结构、物体详细刻画，其余概括表现的处理手法，展现了一个对比强烈、颇具动势的门厅空间，和整个家居空间设计的风格一致。

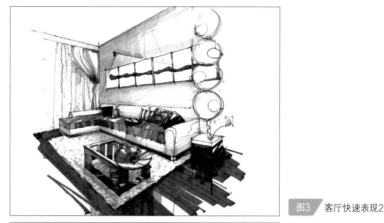

图3 客厅快速表现2

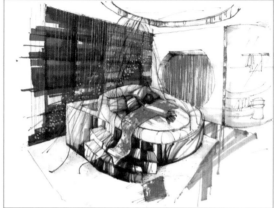

图4 主卧快速表现1

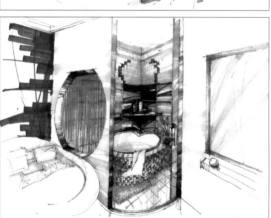

图5 主卧快速表现2

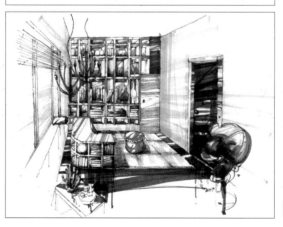

图6 书房快速表现

7.2.7 卫生间

　　这是一张卫生间的快速表现方案（如图9），该卫生间由于南北跨度较大，所以在其中间设置了一个半圆弧的屏风，以马赛克饰面，下面铺上鹅卵石。洗脸池采用简洁的落地一体式洗脸池，两侧采用黑色镜面装饰，配以红色灯光，营造出高贵神秘的感觉。整体采用弧线造型，共同营造了一个具有韵律感的空间，同时又能够体现时代性，是一个很好的设计作品。

　　在手绘表现方面，画面大胆采用了强烈的虚实对比，动感十足，对重点表现的墙面和造型刻画非常深入，尤其是镜面和马赛克材质的表现十分到位。不管是设计、构图，还是表现，这张作品都是一张比较娴熟的手绘作品。

7.2.8 娱乐室

　　这是一张娱乐室的快速表现方案（如图10），该娱乐室采用下沉式的空间设计，营造出一个舒适的被环抱的观影空间，两侧的立面墙吊纱帘，以增强浪漫的氛围。

　　在手绘表现方面，准确的透视关系很好地表现了下沉空间的结构，作者利用丰富的色彩和灵活的笔触来表现娱乐室空间的特质，造型生动的陈设起到了点缀空间的作用。整体空间表现出色彩华丽、细节丰富、体面转折明确的效果，极具表现力。

图7　餐厅快速表现

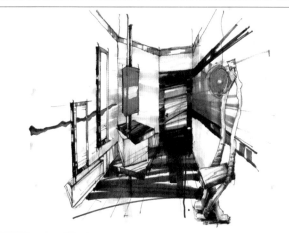

图8　玄关快速表现

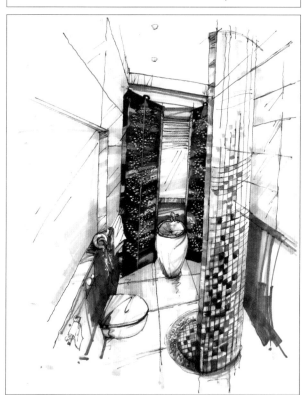

图9　卫生间快速表现

➤ 7.2.9 阳台一角

这是阳台的快速表现方案（如图11至图12），红色的吊椅脚踏、时尚的落地灯、简洁的迷你沙发、个性的时钟，共同营造了一个舒适浪漫的阳台休闲空间。该空间设计没有过多烦琐的结构，展现出空间简洁的特点，凸显了空间的个性与时尚。

在手绘表现方面，作者大胆地采用强对比的色彩和灵活的构图方式，配合时尚的造型，更加完美地塑造了一个时尚、有趣的休闲空间。

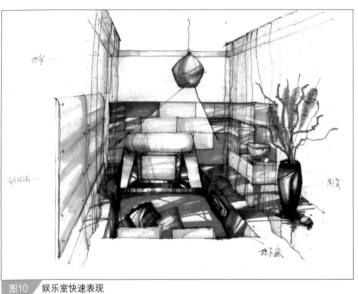

图10　娱乐室快速表现

图11　阳台一角快速表现1

图12　阳台一角快速表现2